# 可重构视觉检测理论与技术

赵大兴　孙国栋　著

科学出版社

北京

# 内 容 简 介

本书首先系统综述了机器视觉检测的发展，分析其重构需求，介绍了视觉检测的工作原理、可重构体系、重构的层次与系统流程，然后以硬件与软件为主线分别讨论了视觉检测系统重构。硬件可重构主要介绍了异构硬件环境下通用图像获取方法与基于 FPGA 的图像预处理重构。软件可重构主要包括可重构算法库设计、基于配置信息的视觉检测流程再生、面向图像分析的特征提取与重构、机器视觉系统可视化重构平台设计等。最后介绍了可重构视觉检测平台的开发方法，并以四个不同领域的视觉检测应用实例验证了所述的可重构方法。

本书可作为高等院校计算机、测控和机电等专业的本科生和研究生的参考书，也可供相关领域技术人员阅读。

**图书在版编目 (CIP) 数据**

可重构视觉检测理论与技术/赵大兴，孙国栋著. —北京：科学出版社，2014.7
ISBN 978-7-03-041396-3

Ⅰ．①可…　Ⅱ．①赵…　②孙…　Ⅲ．①计算机视觉–检测
Ⅳ．①TP391.41

中国版本图书馆 CIP 数据核字 (2014) 第 156055 号

责任编辑：任　静 / 责任校对：桂伟利
责任印制：徐晓晨 / 封面设计：迷底书装

科 学 出 版 社 出版
北京东黄城根北街 16 号
邮政编码：100717
http://www.sciencep.com

北京虎彩文化传播有限公司 印刷
科学出版社发行　各地新华书店经销

*

2014 年 7 月第 一 版　　开本：720×1 000 B5
2019 年 1 月第三次印刷　　印张：13 1/2
字数：260 000

定价：**82.00 元**

（如有印装质量问题，我社负责调换）

# 前　言

　　机器视觉技术以其非接触式、高效率、高精度、劳动强度小以及易于信息集成等优点，被广泛应用于工业、农业、医药、军事、航天、交通、安全、科研等领域，取得了巨大的经济效益与社会效益。

　　产品质量视觉检测作为机器视觉的一个重要应用领域，已成功应用于纺织品、电子产品、钢板、印刷品、玻璃等工业产品的表面质量检测。随着全球市场竞争日益激烈，产品复杂性不断提高，多品种、小批量的生产方式更加普遍，而产品的调整期、交货期日益缩短，市场越来越需要一种质量检测能力与功能可随市场需求而快速响应与调节的视觉检测系统。但目前我国多数视觉检测系统只针对特定的作业流程，所设计的图像处理与识别软件针对性强、功能单一、重构性较差，不易扩展和升级，难以满足当前生产制造的需求。可重构的视觉检测系统应具备主动适应外界环境变化以及被动响应系统内部扰动两大功能，表现出模块化、集成化、用户定制化、可扩展能力、可变换能力以及可诊断能力等特征。用户只需要通过可重构视觉检测软件所提供的人机交互界面，将软件内置的功能模块以类似于"搭积木"的方式进行重组以完成软件的二次开发，构造出符合要求的全新软件系统，从而缩短软件开发周期，增强软件的通用性。

　　本书围绕视觉检测的可重构理论与技术，结合所研发的视觉检测应用实例，以硬件和软件为主线，系统地论述了可重构视觉检测系统的工作原理、体系结构、设计模式、可视化平台设计等内容，提出了异构硬件环境下分布式图像获取通用模型、基于软件芯片的视觉检测算法库、基于配置信息的检测流程规划、基于遗传算法的图像特征解耦与选择，力求使本书具有创新性、实用性和先进性。全书共5章：第1章综述国内外机器视觉研究现状与应用领域，引出视觉检测可重构设计理念；第2章剖析机器视觉检测的系统结构及主要功能模块，给出其软硬件系统重构方案；第3章从图像采集、图像处理装置以及分布式网络拓扑等方面给出视觉检测硬件重构方法；第4章在研究视觉检测算法库与图像特征解耦的基础上，提出视觉检测可视化设计模型及其重构平台技术；第5章论述可重构机器视觉检测平台的开发方法，并以粘扣带、导爆管、电子接插件以及大米品质为例重构相应的视觉检测系统，验证所提出的重构方法与重构平台的可行性和实用性。

　　本书的部分内容得到了国家自然科学基金"基于纹理特征解耦的可重构织物表面质量视觉检测技术基础研究"（项目编号51075130）、国家自然科学基金"基于层次特征提取与几何模型辅助的货车故障轨边图像识别方法研究"（项目编号

51205115），以及湖北省自然科学基金创新群体"分布式机器视觉织物表面缺陷在线检测系统研究与开发"（项目编号 2009CDA151）、武汉市学术带头人计划"基于分布式机器视觉的纺织品外观疵点检测技术的研究"（项目编号 201051730552）、武汉市青年科技晨光计划"基于机器视觉的织物疵点高速识别算法研究"（项目编号 201150431128）、湖北省现代制造质量工程重点实验室开放基金"基于机器视觉的坯布表面质量检测研究"（项目编号 2005006）等国家、省市项目的资助，仝建凯、朱锦雷、王璜、李九灵、林卿、代新、彭磊、冯维、卢婷也对本书的撰写提供了有益的帮助，特此致谢。

　　由于作者的水平有限，书中难免存在不妥之处，恳请广大读者批评指正。

作　者

2014 年 5 月

# 目　　录

# 第1章　机器视觉检测的重构问题

在总结国内外机器视觉研究现状的基础上，分析了机器视觉技术在纺织、电子、农业、机械以及军工等领域的应用。并针对传统机器视觉检测系统针对性强、重复开发、效率低下等问题，引出了机器视觉检测可重构设计理念，并阐述了可重构视觉检测系统设计方法的意义。

## 1.1　机器视觉的概述

机器视觉是一门涉及人工智能、神经生物学、心理物理学、计算机科学、图像处理和模式识别等多个领域的交叉学科，它主要利用计算机来模拟人或再现与人类视觉有关的某些智能行为，从客观事物的图像中提取信息进行处理，并加以理解，最终用于实际的检测、测量和控制。机器视觉系统由光学成像设备、照明设备、摄像机、图像采集卡、图像处理设备及软件等部分组成。

机器视觉是利用数字成像技术与计算机图像处理技术替代人眼进行判断与测量，它具有人眼所无法比拟的高精度、高效率等优点，且易于实现信息集成，提高生产的柔性和自动化程度，是实现计算机集成制造的核心技术之一[1]。另外，在一些不适合人工作业的危险环境或大批量工业自动化生产过程中，采用人工检查产品质量效率过低且精度不高，在这些人工视觉难以满足要求的场合，机器视觉正在迅速取代人工视觉。

近年来，随着计算机、多媒体、数字图像处理、模式识别、智能控制等理论与技术的成熟，以及大规模集成电路的迅速发展，机器视觉技术凭借非接触式、高效率、高精度、劳动强度小以及易于信息集成等优点，被广泛应用于工业、农业、医药、军事、航天、交通、安全、科研等领域，取得了巨大的经济与社会效益。

## 1.2　国内外机器视觉研究现状

机器视觉研究的是如何让计算机理解图像中的一个场景或者特征，是人工智能的一个分支，融合了模式识别、统计学、投影几何、图像处理和图论等多门学科。自20世纪50年代以来，应用于二维图像分析与识别的统计模式识别研究标志着机器视觉技术的起源，当时的研究主要集中在显微和航空图片的分析与理解、各种光学字符识别、工业零件表面缺陷检测等。在其后的发展历程中，出现了两种不同的视觉理论：Roberts 提出的"积木世界"理论，以及 David Marr 提出的 Marr 视觉理论。

20 世纪 60 年代，Roberts 研究从数字图像中识别和提取如圆柱体、立方体等基本三维结构，并通过描述这些基本形状及其结构关系，以理解复杂的客观三维世界，从而形成了"积木世界"理论。随后，该理论促使人们对各种几何要素的分析与理解、轮廓特征提取算法等展开了深入研究[2]。

20 世纪 70 年代中期，伴随着实用性视觉系统的出现，麻省理工学院（MIT）人工智能实验室正式开设机器视觉及其相关理论的课程，由 David Marr 教授带领的研究小组综合神经生理学、图像处理以及心理物理学等研究成果，提出了计算视觉理论，从信息处理的角度出发给出了视觉系统研究的三个层次[3]：

（1）计算理论层次。确定系统各模块的计算目的和策略，即明确"是什么"的问题，如各模块的输入、输出分别是什么，输入与输出之间的约束关系是什么。

（2）表达与算法层次。研究各模块的信息表达以及完成计算所需要的算法，其中模块信息包括输入、输出以及内部信息。

（3）硬件实现层次。解决如何用硬件实现上述表示与算法。

机器视觉理论主要是基于 David Marr 的计算视觉理论框架发展而来，当时的研究主要集中在前两个层次，许多理论还无法进行实际应用，但对于一些低层次处理，如滤波、边缘提取以及简单场景下的二维物体识别已有成熟的应用[4]。但是，该计算视觉理论框架的出现具有极大的启发意义，推动了之后机器视觉的全球研究热潮。

20 世纪 90 年代中后期，由于小波分析等现代数学工具的出现，新概念、新方法和新理论不断涌现，机器视觉已经从最初的实验室研究阶段逐渐向实际应用阶段发展。尤其进入 21 世纪以后，凭借非接触、高精度、高效率、灵活性高、稳定性好、实时性强、易于维护以及可移植性好等众多优点，机器视觉在工业、农业、生物医学、军事与国防、机器人导航、交通管理、遥感图像分析等各行各业的应用得到了前所未有的普及与推广。如工业中的零件定位与识别、尺寸测量，农业中的农产品质量检验、分级，生物医学中的 CT、磁共振成像，军事国防中的导弹制导、超视距雷达、声纳成像，交通管理中的车辆、牌照识别等。其中以工业领域的应用最为普遍，借助机器视觉技术，可显著提高工业领域的产品生产效率、控制产品品质、对产品实施分类以及控制生产过程等。

基于图像的视觉检测方法将机器视觉引入检测领域，利用光机电一体化的手段使机器具有视觉的功能，以实现各种场合下的在线高速检测和高精度测量。在国外，视觉检测的应用普及主要体现在半导体及电子行业，其中大概 40%～50%集中在半导体行业，其他的研究应用领域涉及社会生产的方方面面，而且应用的深度也越来越大，从原始的在线监视到外观检测再到动作和运动控制，甚至许多视觉单元都直接集成到成套生产设备中。如 IC 封装中的芯片检测系统，印刷生产线上的机器视觉质量控制系统[5]。国际上有名的工业视觉系统集成商，包括美国的 NI、COGNEX

和 PROIMAGE，瑞士的 BOBST，德国的 VMT，加拿大的 HexSight，日本的 DAC、TOKIMEC 和 KEYENCE 等公司都已提供基于机器视觉的产品表面缺陷在线检测系统，并且获得了较好的推广[6]。

我国机器视觉应用起步较晚，但随着制造业向中国的逐步转移，企业对高效检测技术的需求日益增多，特别是半导体及电子行业对高精度在线检测的迫切需求，推进了国外先进机器视觉技术的逐步引进。历经十多年的努力，国内机器视觉技术已经得到了长足的发展，但由于缺乏核心技术，在高精度数字相机及芯片设计制造、图像处理算法设计等方面与国外仍存在较大差距。

目前，绝大多数工业应用的机器视觉检测系统多停留在二维检测上，三维检测技术仍处于理论研究和实验阶段。另外，机器视觉检测系统的检测精度和检测速度仍有待提高。检测精度和检测速度是机器视觉检测系统最基本的性能指标，同时它们之间的矛盾也是阻碍机器视觉检测技术应用的最大瓶颈。首先，视觉检测必须满足一定的精度要求，确保获取有意义的数据，才能保证检测结果的可信度。然而，精度高的检测识别算法多具有高的计算复杂度和较长的计算时间，从而影响视觉检测速度。而且，提高检测速度对于在线检测和离线检测两类机器视觉检测都具有重要意义。尤其是在线实时检测，如何将机器视觉检测系统嵌入到生产线相应的工序中，并实现检测速度与生产线节拍的协调，关乎该机器视觉检测系统能否真正实用化的问题。因此，为了兼顾检测精度与检测速度，国内外都提出了一些新的算法，但是很多仍处于实验室阶段，在复杂的工业现场仍存在准确性、鲁棒性下降等问题。

另外，机器视觉检测系统的智能化程度与通用性有待提高，应用中的大部分机器视觉检测系统多是针对某一种产品或应用场合的专用检测系统，只能对该产品有限的、特定的产品类型进行检测，很难直接用于或移植到其他的产品检测中，无法实现产品检测的通用化与智能化[7]。

随着机器视觉理论研究的不断深入，机器视觉检测技术将逐步在各行各业中得以广泛应用。在线实时检测、高精度检测、将检测任务集成起来实现机器视觉智能检测、适应生产的柔性化检测以及彩色图像与多光谱图像的处理算法研究将成为机器视觉检测技术的发展趋势。总之，随着计算机技术和光电技术的快速发展，机器视觉检测技术必将实现高精度、高效率、高适应性、高智能，并成为产品自动检测技术的重要发展方向。

## 1.3　机器视觉关键理论与技术

在机器视觉系统中，图像处理与图像理解算法研究是理论基础，视觉系统的单元技术与系统集成是实现关键。其中，关键技术涉及光源照明技术、光学镜头、摄像机、图像采集装置、图像处理装置以及控制响应机构等[8]。

### 1.3.1　机器视觉识别理论研究

机器视觉系统的应用场合千差万别,每一个系统都具有各自的特点与要求,对其识别理论的研究一方面要提高通用算法的适应性,另一方面要依据所应用的对象特点对图像处理与识别算法做相应的完善与改进以适应特定的需求。

国外在机器视觉方面的研究起步早,应用的领域也较广泛。为了判断炸薯片的质量好坏,Lotfi 等通过研究炸薯片的显微图像,提取图像中色调矩阵直方图的标准差作为特征,采用神经网络算法分类炸薯片以控制其质量[9]。Taouil 等选取以彩色图像 RGB 分量计算出的黄色值为特征,检测橄榄油生产线上灌装后瓶塞是否漏装[10]。葡萄牙国家工业技术及工程局(INETI)开发的基于机器视觉的工业腈纶质量控制系统 INFIBRA,利用视觉测量各条腈纶带的宽度及其之间的间隙,及时发现腈纶带的断裂、分叉与缠绕等故障[11]。Cano 等提出了采用机器视觉与加速度传感器相结合的机床弹性变形预测方法,用以标定运行部件的振动[12]。Derganc 等设计了基于机器视觉的轴承质量检测系统,借助 Hough 变换和线性回归检测轴承滚针的偏心与滚针的长度,从而判定轴承质量的好坏[13]。为了解决参数间的耦合导致最优参数调节困难的问题,Martin-Herrero 等开发的金枪鱼罐头质量在线视觉检测系统,把感兴趣区域(ROI)分块,并参数化为特征向量,以构建 SOFM(Self-organizing Feature Map)神经网络模型。经过样本训练以及在线学习,使得该系统在每分钟 1000 罐的检测速度下获得与质检员平均意见得分一致的结果[14]。Borangiu 等采用人工视觉引导机器人实施零件装配,并在装配的各个阶段实时检测零件材料与装配的质量[15]。Adamo 等开发了一个基于机器视觉的色丁玻璃在线缺陷检测原型系统,它采用阈值分割实现边界的检测,Canny 算法实现缺陷识别,其能识别的最小缺陷宽度为 0.52mm,每帧(玻璃尺寸为 1200×400mm)图像的处理时间为 180s,满足了玻璃自动生产线的实时性要求[16]。Karathanassi 等提出的基于机器视觉的溶液制剂质量控制系统包括离线标定与在线检测两部分,其中在线检测负责试剂内容与液位的检测[17]。

由于机器视觉的最初应用与普及主要体现在半导体及电子行业,而这些行业本身在国内就属于新兴领域,再加之机器视觉产品技术的普及不够,导致以上各行业的应用一直停留在比较低端的小系统集成上。随着我国配套基础建设的完善,技术、资金的积累,各行各业对采用图像和机器视觉技术的工业自动化、智能化需求大大增加,国内有关大专院校、研究机构以及企业近年来在图像与机器视觉领域进行了大量积极的思索与大胆的尝试。在光学字符识别、交通监控系统、信封分拣系统、药品检测分装、印刷色彩检测等应用领域取得了一定的成果。如中南大学的阳春华等借助计算机视觉测量矿物浮选泡沫的颜色与尺寸,克服了人工浮选的主观性,使选矿过程最优化[18]。四川大学尹伯彪等针对现场大尺寸测量难以避免的空气扰动问题，采用波前修正的图像恢复方法复原经靶镜反射后的畸变激光光斑，以提高测量精度[19]。华中科技大学针对玻璃行业设计了基于机器视觉的浮法玻璃在线质量检测系统[20]。

基于机器视觉的自动检测流程包括图像获取、预处理、图像分割、特征提取、缺陷表示与识别以及设备对缺陷的响应等单元，其中核心内容是特征提取、缺陷表示与识别[21]。特征提取就是要寻找能表达这些待检测对象的特性，如形状、大小、颜色、纹理结构性与周期性等，并同时区分于其他对象的一组参数，即特征集。常用的特征提取算法包括空间域和频域两种。

空间域提取算法采用不同方法对图像灰度矩阵进行变换以获得不同的特征值。常用的方法有：灰度共生矩阵法、Markov 随机场法、灰度直方图统计法、灰度匹配法以及基于 PCNN(脉冲耦合神经网络)的提取方法。灰度共生矩阵通过计算二阶矩、逆差分矩和熵等特征来描述纹理，具有不受缺陷种类限制及不需要不断更改阈值以适应被检图像的优点，但计算量大。灰度直方图统计法以图像灰度直方图的统计特征(如均值、方差等)为参数绘制特征波形，通过波形对比定位纹理结构的异常位置。该识别算法原理简单、运算速度快、可靠稳定、适应性强，但有些缺陷类型难以识别，且分类困难。灰度匹配法通过将待检产品与标准样品进行差分，再与设定的灰度阈值比较以识别缺陷，具有原理简单、计算量小等优点，但对现场环境要求高，如光源衰减、灰尘以及生产工艺与流程等都会影响图像效果，而且阈值的选取带有主观性，需不断改变。神经网络模型通过对输入样本的学习，不断地在误差函数斜率下降的方向上计算网络权值和偏差的变化而逐渐逼近目标，其优点是定位准确、适应性强，但迭代计算量大。

频域提取算法能充分利用纹理的周期性，故提取的特征值稳定性和适应性都比空间域算法好。常用的频域提取算法有快速傅里叶变换法、Gabor 变换法与小波变换法等。傅里叶变换可以在频域中分离周期性纹理、背景信息和噪声，具有稳定性好、适应性强的特点，但缺乏空间域的定位信息。Gabor 小波是一组窄带带通滤波器，有明显的方向选择和频率选择特性，能实现空间域和频域的联合定位；缺点是计算量较大。小波变换则具有多尺度的特点，能在时域、频域表征信息局部特征，适合于奇异点的检测。

## 1.3.2 机器视觉关键实现技术

### 1. 光源照明技术

在机器视觉应用系统中，光源与照明方案往往关乎整个视觉系统的成败，并非简单地照亮待检物体而已。好的光源与照明方案应尽可能地突出物体特征，使待检物体的关键区域与那些不关注的区域之间尽可能地产生明显区别，增加其对比度。

同时，应保证图像具有足够的整体亮度，并覆盖待检物体的整个运动区域，以确保物体位置的变化不至于影响到成像质量。机器视觉检测系统的光照方式通常分为透射光和反射光两种。对于反射光方式，应充分考虑光源和光学镜头的相对位置、物体表面的纹理、物体的几何形状以及背景等因素。另外，选择光源时还应考虑光源的几何形状、光照亮度、均匀度、发光的光谱特性、发光效率、使用寿命以及安装位置等。几种主要光源的相关特性如表1.1所示[8]。

**表 1.1　常用光源的特性对比**

| 光源 | 颜　色 | 寿命/小时 | 亮度 | 特　点 |
|---|---|---|---|---|
| 卤素光 | 白色，偏黄 | 5000～7000 | 很亮 | 发热多，较便宜 |
| 荧光灯 | 白色，偏绿 | 5000～7000 | 亮 | 较便宜 |
| LED 灯 | 红，黄，绿，白，蓝 | 60000～100000 | 较亮 | 发热少，形状可变 |
| 氙灯 | 白色，偏蓝 | 3000～7000 | 亮 | 发热多，持续光 |
| 电致发光管 | 由发光频率决定 | 5000～7000 | 较亮 | 发热少，较便宜 |

其中，LED 光源因其显色性好，光谱范围宽，能覆盖可见光的整个范围，且发光强度高，稳定时间长等优点，成为图像领域的新宠儿。虽然其价格偏高，但随着其制造工艺和技术的成熟，必将得到越来越广泛的应用。另外，高频荧光灯凭借其发光强度高、性价比好等优势，在某些特定场合也是不错的选择。

### 2. 光学镜头

机器视觉系统中的光学镜头相当于人眼的晶状体，对待检产品的成像效果具有重要的影响。一个镜头成像质量的优劣体现在其对像差校正的程度，主要以像差大小来衡量，常见的像差有：球差、彗差、像散、场曲、畸变、色差等六种。对于定焦镜头或变焦镜头的选择而言，通常同一档次的定焦镜头的像差会明显比变焦镜头的小。由于变焦镜头为了保证在各种不同焦距下相对较好的成像质量，不允许在变焦范围内的某个焦距下出现成像很差的情况，采用了折衷的考虑，故在设计机器视觉应用系统时，应根据被测目标的状态优先选用定焦镜头。此外，还需综合考虑图像的放大倍率、视场大小、光圈大小、焦距、视角大小以及镜头与摄像机的安装接口等因素。

### 3. 摄像机与图像采集装置

待检产品的图像采集与数字化主要由摄像机和图像采集卡共同完成。高质量的图像信息是机器视觉系统正确判断和决策的原始依据，是决定整个视觉系统成功与否的关键。目前，CCD 摄像机以其体积小巧、性能可靠、清晰度高等优点被广泛应用于机器视觉系统中。摄像机按照其使用的视觉器件与成像机理可分为线阵式和面阵式两大类。线阵摄像机每次只能获取待检产品指定位置的信息以形成整个图像中的一行，待检产品必须以直线形式从摄像机前移过，连续触发多行以形成完整的图像，因此非常适合连续匀速运动产品的检测。而面阵摄像机则可以一次获得整幅图像的信息，适用于检测静止或间歇运动的产品。

在机器视觉系统中，图像采集卡主要负责依据设定的周期或生产节奏触发摄像机拍照、完成图像采集与数字化、协调整个采集系统的运行。其一般包括以下功能模块：

(1) 图像信号的接收与 A/D 转换模块，负责图像信号的放大与数字化。

(2) 摄像机控制输入输出接口，主要负责协调摄像机进行同步或异步拍摄、定时拍摄等。

(3) 总线接口，负责通过计算机内部总线高速输出图像数据，一般采用 PCI 接口，传输速率可高达 130Mbit/s，完全能胜任高精度图像的实时传输，且占用较少的CPU 时间。

(4) 显示模块，负责高质量的图像实时显示。

(5) 通信接口，负责外部通信，实现参数设置等功能。

目前，图像采集卡种类很多，按照不同的分类方式可分为：黑白图像和彩色图像采集卡、模拟信号和数字信号采集卡、复合信号和 RGB 分量信号输入采集卡。因此，选择图像采集卡时，主要应考虑系统功能需求、图像采集精度以及与摄像机输出信号的匹配等因素。

### 4. 图像信号处理装置

图像信号处理装置是机器视觉系统的核心，相当于人的大脑，主要负责图像信号的处理和运算。其实图像识别与分析算法设计是机器视觉系统开发中的重点和难点所在。随着计算机技术、微电子技术和大规模集成电路技术的快速发展，很多图像处理算法都直接借助如 DSP、专用图像信号处理卡等硬件来完成，以提高系统的实时性，而那些非常复杂、不太成熟、尚需不断探索和完善的算法则多由软件来实现，以提高系统的柔性。

另外，无论是硬件还是软件来实现图像处理算法，都需要充分考虑图像信号处理的实时性。为了满足机器视觉系统对待检产品及时、连续、无遗漏地图像采集与处理，必须保证每帧图像的处理时间小于等于一帧图像的采集时间，即图像处理速度大于等于图像采集的速度。

### 5. 控制响应机构

机器视觉系统的最终目的通常是借助图像处理识别出待检产品的某些特征并采取相应的控制手段。如检测到产品外观质量问题，视觉系统会停机、打标或控制剔除机构剔除次品等。这些功能的最终实现主要依靠控制响应机构来执行，是机器视觉系统的最后一个也是最关键的环节。对于不同的应用场合，控制响应机构可以属于机电系统、液压系统、气动系统中的任意一种。但无论是哪一种，不仅要严格保证其加工制造和装配精度，更要注重其动态特性，尤其是快速性和稳定性。

# 1.4　机器视觉检测的应用领域

机器视觉作为一门综合性的新兴学科，由于其再现性好、适用面宽、灵活性高等优点，得以飞速的发展。机器视觉的应用起源于半导体与电子行业，尤其集中在PCB印刷电路组装、元器件制造、半导体及集成电路设备等方面，而机器视觉技术在该产业的应用推广，对提高电子产品质量和生产效率起到了举足轻重的作用。随着中国成为全球制造业的加工中心，高标准的零部件加工及其先进生产线的引进，使许多具有国际先进水平的机器视觉系统和应用经验随之进入中国。中国一跃成为世界上机器视觉发展最活跃的地区之一，使得机器视觉的应用领域几乎涵盖了国民经济的各个行业，其中包括工业、农业、医药、军事、纺织、航天、气象、天文、公安、交通、安全、科研等领域。

## 1.4.1　机器视觉检测在纺织行业的应用

作为我国的优势民族产业，纺织品行业在我国制造业中占有举足轻重的地位。但随着人们物质文化水平的提高以及国外行业的激烈竞争，其发展受到了各方面的制约。纺织品质量是纺织行业在市场竞争中取得领先的最主要因素，决定着纺织品生产企业的命脉。在我国纺织品出口贸易中，由于质量检测不过关而退货的案例比比皆是。特别是伴随着现代化进程的不断加快，用于装饰、医用、生活等领域纺织品供需矛盾逐渐增加，纺织行业若要在日益激烈的市场竞争中占据一席之地，必须加快生产、管理、质量检测的自动化进程与脚步。目前，我国纺织品生产企业在生产、管理上已基本实现自动化，而在质量检测方面，由于缺乏相应的检测技术与系统，还处于人工检测阶段。然而，人工检测效率低、劳动强度大、易受主观因素影响，其检测速度最快只能达到30m/min，检测幅宽最大为2m，检测准确率仅为60%，已不能适应纺织品质量检测自动化的脚步。

早期由于缺乏成熟的纺织品在线检测技术，织物质量一直以来是制约纺织业发展的一大瓶颈。而机器视觉的众多优良特性正好顺应了纺织行业的迫切需求，使得机器视觉在纺织行业得以迅猛发展，而且应用越来越深入。国内外许多专家、学者对织物表面疵点检测进行了大量的研究，取得了一系列成果，产生了一些较成熟的织物检测系统。

在国外，如EVS公司研制的I-Tex2000型织物自动检验系统采用自主开发的软件可实现在复杂或干扰环境下检测、跟踪感兴趣物体，该系统凭借其关键的图像处理技术，可检测小至 0.5mm 的瑕疵，检测速度可达 150m/min，检测幅宽可达330cm[22]。Uster 公司的 Fabriscan 织物自动检验系统可实现平纹坯布、玻璃纤维织物或牛仔布的检验，可根据织物密度、特有的疵点类型或待检测的纺织工序选择照明类型[23]。该系统结合神经网络技术，能够可靠且可重现地识别疵点，几乎完全消除误检，并可依据单位长度疵点的数量、密度以及扣分制度来评定产品等级，实现织物质量的自动评定，而且，其检测速度可达 120m/min，检测率可达 90%，满足实际生产的要求。Barco 公司的 Cyclops 织机检测系统与 EVS、Uster 公司产品不同，其借助相机从左至右的往复运动实现织物图像的获取，然后采用图像处理技术分析织物图像中的疵点[24]。新型的高速 Cyclops 相机的扫描速度可以达到 54cm/s，系统检测幅宽可达 500cm，疵点检测率为 80%。

在国内，湖北工业大学自主研发的粘扣带外观疵点自动检测与评价系统是一套自动化无损检测设备，主要实现粘扣带的自动检测，打破了国外检测技术垄断的局面，填补了国内空白[25]。该系统可实现疵点的自动识别与分类，按要求实现故障停机、打标等操作。其检测速度最高可达 200m/min，检测精度 0.5mm，疵点识别率在 95%以上，达到国外同等水平。且设备维修方便，价格比国外更为合理，不仅适合粘扣带生产的优势企业，也适合中小型企业。宏翔机电科技有限责任公司的 CI-10型织疵自动检测机是一套基于机器视觉的编织疵点与工艺疵点自动图像检测装置，其检测速度可达 100m/min，检测精度为 0.5mm，检测宽度为 120～320cm，但其在线识别率却不尽如人意，未能推向市场。

虽然国内外在纺织产品检测中取得了一些成果，但由于织物纹理特性、生产工艺以及织物质量要求等方面的差异，很难实现一种视觉检测系统适用于多种织物的疵点检测。因此，提高纺织产品视觉检测的适应性和通用性是今后视觉检测的发展方向。

### 1.4.2　机器视觉检测在电子行业的应用

信息化在各个领域的快速发展与不断创新为电子行业带来了巨大的市场需求和发展空间，进而推动了电子元器件产业的强劲发展，然而电子元器件日益智能化、集成化和小型化却给其外观检测出了难题。传统的人工检测由于受限于肉眼检测速度慢、效率低，且易受工人经验与身体状况等主观因素的影响，已无法满足企业日益扩大的生产力需求。如今，随着计算机技术的不断发展，机器视觉技术更加成熟，广泛应用于电子行业中各种产品的检测[26-27]。

在电子器件生产流水线中，经常要对半成品或成品的电子器件进行外观检测和分选。传统的检测手段主要依靠自动送料振盘结合光电检测技术对有管脚的电子器件进行初步分选和有序定向排列。但是这种方法对电子器件的外形设计有一定要求，如管脚的偏心、外形或重心的不对称等。然而，并非所有电子器件的设计都符合上述要求，此时机器视觉技术便成为一种有效的替代检测手段。机器视觉技术凭借其所具备的在线检测、实时分析、实时控制能力以及高效、经济、灵活的优点，成为一种重要的现代电子器件在线检测手段。针对电子器件流水线所设计的基于机器视觉的在线检测分选系统，主要采用 CMOS 工业摄像机和工控机作为图像采集与处理模块，成本预算较低。软件设计一般采用自适应二值化等算法对所采集的图像进行边缘提取，再实施阈值判断，保证了检测分选的实时性和准确性，成功替代了传统的光电检测方法[28]。

另外，随着数字电子技术的飞速发展，促使电子产品越来越轻、薄、短、小。电子产品上广泛使用的电子接插件是完成物理与电信号连接功能的核心零件，其结构更加小型化、需求量更大、检测量相应增大、质量要求更严格。对于每分钟高达数百乃至上千件的电子插接件制造而言，提升 1%的产品合格率都意味着巨大的经济效益。然而，目前国内大部分电子插接件制造企业(包括三资企业)尚处于劳动密集型生产方式，产品在制造过程中各道工序的质量检测通常由专门的质检工完成。人工检测的劳动强度大、成本高、检测效率低，已严重制约企业提高产品质量、降低生产成本、增强市场竞争力的现代化进程[29]。

针对棘手的电子接插件质量检测难题，国内有关大专院校、研究所和企业近年来在图像和机器视觉技术领域进行了大胆的尝试，逐步应用于工业现场。上海交通大学的金隼、洪海涛将机器视觉技术应用在电子接插件制造的冲压阶段中，通过目标零件的位置信息(边缘坐标和起始转角)与标准零件模板匹配以检测出插脚形状上的质量缺陷。同时，国内部分高新技术企业已经对电子接插件质量检测开发了部分成型设备，但由于受电子接插件尺寸型号、检测效率以及成本高等条件限制，并不能实现在同一设备上完成多种型号的电子接插件在线检测。

总之，人们渴望将机器视觉技术应用于电子行业的产品检测，满足电子产品高速、高效的检测要求，但电子产品外形各式各样，传统设计的机器视觉检测系统通常只针对某一种特定的电子器件，通用性较差。采用可重构技术设计适用于多种电子器件的检测平台将会成功解决这一问题，使检测更加经济、便利与通用。

### 1.4.3　机器视觉检测在农业领域的应用

随着现代化农业的发展和新技术的不断涌现，机器视觉测量技术在农业工程领域的应用也日趋广泛。由于机器视觉在一定程度上能模拟并超越人的眼睛，对农产品的形貌特征和尺寸等几何量进行实时、在线测量，同时更具有无损、高效和高精度等优点，因而在农业自动化和智能化作业方面发挥了重要作用。

农业机器人作为现代化农业的重要标志，在许多农业活动中发挥着重要作用。如苹果、番茄、黄瓜、茄子、柑橘和蘑菇等收获机器人、喷药或施肥机器人以及嫁接、移栽机器人等，不但减轻了劳动强度，而且大大提高了生产效率。陈勇开发了基于机器视觉和模糊控制原理的精确农药可变量喷雾控制系统，该系统能够融合树冠面积信息和距离信息，对树木大小和距离进行测量，进而选择不同的喷头组合以控制喷雾系统的流量和喷头射程，最终实现对树木目标的精确、智能喷雾，大大减少了农药使用量[30]。

叶面积、株高和茎粗等外部生长参数是衡量植物生长状况的重要指标。随着图像处理和人工智能等相关技术的发展，利用机器视觉方法对叶面积等参数的精确检测已成为可能。谭峰等针对大豆叶面积无损测量中校正图像和去除叶片纹理特征等问题，提出了基于双线性映射的无损测量法。该方法不受叶片大小、形状差异和叶片图像中周边白色背景的影响，且精度可达 99%以上[31]。

随着消费水平的提高，人们对水果的品质要求也越来越高，促使水果生产企业和经销商按照水果的大小、颜色、果形和表面缺陷状况等外观品质，以及成熟度等内部品质对水果进行分选、分级处理，以提高水果的商品价值。但人工分选效率很低，且受工人的颜色鉴别能力、情绪、疲劳状况等因素的影响，分选精度也不高。运用机器视觉技术，采集水果图像，然后借助图像处理，提取出水果的大小尺寸、颜色、果形以及果面上的缺陷和损伤状况等特征参数，再按照预定的分级标准实现水果的自动分级。

另外，机器视觉技术在种子筛选与质量评价方面也得到了应用。通过采集种子的图像，提取种子的尺寸、形状、颜色、胚芽位置、胚芽形状以及大小等特征参数，分辨出不同的种子品种，并可检测出种子上的裂纹、破损以及霉变等情况，从而评定种子的纯度和发芽能力。此外，利用机器视觉技术检测大米的垩白度、垩白粒率、黄粒米和粒型等参数，从而实现大米质量的评判和精选。

由于大部分农产品都生长在野外，且在整个生产和收获过程中经常引入一定的机械和人工作业，故不可避免地会掺杂进某些杂质，而对农产品的质量造成较大影响，尤其是棉花和烟草。棉花中掺杂的布片、绳头、塑料薄膜、丙纶丝和毛发等杂质虽然很少，但在纺纱过程中一旦遇到就会立即断线，严重影响了皮棉的精纺性能。而混在烟叶中的杂物及霉烂烟叶等将使卷烟产品的质量大打折扣。因此，在某些生产环节利用机器视觉技术，采集棉花或烟草的图像，通过图像处理算法识别出其中的杂质或劣质部分，并采用相应的执行机构将其剔除，将极大地提高产品质量，而这些工作依靠人工是很难完成的[32]。

机器视觉检测在农业领域的应用主要体现在农业机器人、植物生长参数检测、水果自动分选、种子和粮食的品质检测、农产品异物检测等，而每实现一种功能，前期都需要大量针对性的实验与研发，常常只适用于特定作物或农产品。急需采用一种可重构体系，提取各种检测对象和流程的相似点，以便捷地实现检测功能的更新与转变。

### 1.4.4 机器视觉检测在机械行业的应用

机器视觉在机械制造业的应用越来越广泛，该技术能够利用计算机取代人眼进行目标识别并实现精密测量，特别是一些环境恶劣的工作场合，难以采取人工监控，必须依靠机器视觉技术实施作业。该技术的推广应用有效地提高了企业的工作效率，并节约了劳动资源[33]。以下介绍机械行业中一些典型的机器视觉应用。

机器视觉技术可实现零部件的精密测量，该视觉测量系统包括计算机处理系统、CCD 摄像机以及光学系统[34]。通过向被测量零件照射平行光束，利用光学显微镜放大零件边缘轮廓后，再使用 CCD 摄像机成像输入计算机处理系统进行图像数据处理，得出零件边缘轮廓的精确位置。若想获取位移量，仅需将测量零件进行位移后再次测量，计算出两次结果之差。若在测量过程中，被测零件两条边缘轮廓线出现在同一成像中，则该位移量即为被测零件的相应尺寸。该系统对于大批量生产零件的测量检查，尤其是形状简单、体积较小的零件测量检查十分具有优势。

此外，机器视觉技术能够探测零部件的表面缺陷。内燃机、摩托车以及汽车制造等领域的生产方式均为大批量生产，故技术标准检测所涉及的零部件与待检测参数数目巨大，若使用人工检测方式，则必然花费大量的人力资源与时间。而且，由于检查人员的技术水平参差不齐，且容易受到疲劳、粗心、视觉分辨能力等为因素影响，导致检测过程缺乏规范化、检测结果不够准确，从而影响产品的品质。机器视觉技术则正好弥补了人工检测固有的各项不足，对零件表面缺陷进行有效探测，节约人力资源，提高检测结果的准确性，有效控制产品质量[35]。由天津大学精密仪器与光电子工程学院和南京依维柯汽车有限公司车身厂共同研制成功的国家 863 高科技项目"依维柯白车身二维激光视觉检测系统"，将以前需近 6 小时左右完成的汽车白车身检测，通过激光视觉检测只需 7 分钟。整个测量系统稳定可靠、柔性好、软件灵巧，可适用于不同车型，提高功效近百倍。该系统采用激光技术、CCD 技术，利用基于三角法的主动和被动视觉检测技术实现被测点三维坐标尺寸的准确测量，缩短了我国汽车行业同国外的差距，为国内汽车行业提供了新的检测手段，每套系统可节省人民币 1500 万元[36]。

除此之外，工程机械也有很多机器视觉的应用。由于混凝土运输车驶入拌和站时，其停靠位置具有一定随机性，采用机器视觉的自动装料系统能自动实现拌和站卸料装置的卸料口和运输车进料口的快速定位、对接，大幅减少拌和站生产工序的辅助时间。沥青混合料主要由沥青胶浆、粗集料(碎石)、细集料(石屑或砂)、填料(矿粉)以及空隙等成分组成。各组成成分所占的百分比即级配，是决定沥青混合料品质的关键因素之一，也是影响沥青混合料路用性能至关重要的因素。基于机器视觉的沥青混合料自动检测系统能够实时监测沥青混合料中各组成成分的百分比，以监控和评价沥青混合料的质量[37]。

另外，前面所介绍的机器视觉在农业机器人领域的应用也属于机械的范畴。可见，机器视觉在机械行业的应用相当广泛，但涉及零部件表面缺陷检测、尺寸测量、自动定位对准以及成分分析等多种检测范畴，依然存在通用性较差、研发效率低下的问题。

### 1.4.5　机器视觉检测在军工行业的应用

所有先进的高科技技术大多起源并广泛应用于军事领域，机器视觉技术也不例外，从导弹制导、目标探测到敌我识别、武器检测，处处都有机器视觉技术的身影。

目标识别与精确制导技术在现代战争中具有重要意义[38]。早期的精确制导技术主要包括有线指令制导、微波雷达制导、电视制导、红外非成像制导、激光制导等，但这些制导技术装备的精确制导武器易受各种气候及战场情况的影响，抗干扰能力差。新的红外成像制导是利用红外探测器探测目标的红外辐射，以捕获目标红外图像的制导技术，可克服电视制导系统难以在夜间工作和低能见度下作战的缺点[39-40]。

在火炮、枪械等武器装备上的机器视觉应用主要以 CCD 作为传感器，检测枪械内膛疵病，检测火炮身管膛线参数等。机器视觉方法能够对火炮身管膛线的宽度和角度进行检测，并能较好地抵抗噪声的干扰[41-42]。另外，在弹药测试领域研究较多的是运用机器视觉技术检测弹药外观。

由于无人机机动速度快、维护费用低、生产能力强，在现代战争中扮演着越来越重要的角色，但空中加油能力的欠缺大大限制了无人机的使用范围和作战效能。就空中加油而言，无论是无人机还是有人机，都需要精确获取加、受油机之间的相对位姿。但当导航系统出现故障而无法提供信息时，有人机可依靠飞行员的感知与决策信息完成空中加油，而无人机则只能完全依靠机载导航传感器和控制程序自主完成。为了提高无人机导航系统的容错性和自主决策能力，采用机器视觉辅助的 INS/GPS/MV 组合导航系统的精度和信息更新率能满足设计要求，可实现无人机空中加油的平稳、安全对接[43]。

### 1.4.6　国内机器视觉产品检测的发展方向

在机器视觉赖以普及发展的诸多因素中，有技术层面的，也有商业层面的，但制造业的需求是决定性的。需求决定产品，只有满足需求的产品才拥有生存空间，这是不变的规律。制造业的发展，提升了对机器视觉检测的需求，也决定了机器视觉由过去单纯的采集、分析、传递数据、判断动作，逐渐朝着开放式的方向发展，这一发展趋势预示着机器视觉将与自动化更进一步的融合。中国机器视觉产品检测未来的发展主要表现为以下特征[44]：

(1)产业化的发展将带动机器视觉检测需求的增长。

机器视觉检测发展空间较大的份额集中在半导体和电子行业，而全球集成电路产业复苏迹象明显。与此同时，全球经济衰退使我国集成电路产业占据了市场、成本、人才回流等众多优势。另外，国家制定的"信息化带动工业化"，走"新兴工业化道路"的发展战略为集成电路产业带来了巨大的发展机遇，特别是高端产品和创新产品市场空间巨大。中国的半导体和电子市场虽已初具规模，而如此强大的半导体产业需要高质量的技术做后盾。其对产品质量、集成度的高要求，势必推动作为其最优解决方案的机器视觉检测技术的高速发展。

(2)统一开放的标准是机器视觉发展的原动力。

目前，国内有数十家机器视觉产品厂商，与国外机器视觉产品相比，国内产品最大的差距并不单纯是技术，还体现在品牌和知识产权上。另一现状是目前国内的机器视觉产品主要以代理国外品牌为主，并逐步朝着系统集成、自主研发产品的路线发展。随着中国自动化市场的逐渐开放，依靠封闭的技术难以促进整个行业的发展，作为与自动化技术息息相关的机器视觉检测技术应逐渐开放，只有形成统一而开放的标准才能让更多的厂商在相同的平台上开发产品，从而促进中国机器视觉朝着国际化水平发展。

(3)基于嵌入式的产品将取代板卡式产品。

从产品本身看，机器视觉将越来越趋于依靠 PC 技术，并与数据采集等其他控制与测量模块集成。随着计算机技术和微电子技术的迅速发展，嵌入式系统凭借其低功耗的优点，广泛应用于各个领域，而基于嵌入式的机器视觉产品将逐渐取代板卡式产品。另外，嵌入式操作系统绝大部分以 C 语言为基础，采用高级语言开发嵌入式系统可以提高工作效率、缩短开发周期、保证所开发产品的可靠性与可维护性、便于不断完善和升级换代等。

(4)标准化、一体化解决方案是机器视觉的必经之路。

由于机器视觉是自动化的一部分，没有自动化就没有机器视觉，机器视觉软硬件产品正逐渐成为生产制造过程中不同阶段的核心协作系统，机器视觉产品被作为生产线上的信息采集工具，迫切需要机器视觉产品大量采用"标准化技术"，使用户能够根据自身的需求进行二次开发。当今，自动化企业正在倡导软硬一体化解决方案，机器视觉厂商也将不再是单纯提供产品的供应商，而是逐渐向提供一体化解决方案的系统集成商迈进。

## 1.5　机器视觉检测的可重构需求

机器视觉的研究至今已有近五十年历史，它的研究范畴包括物体识别、景物分析、立体重构、运动检测与跟踪、自主导航、视觉测量等方面。经过多年研究，机器视觉在深度和广度两方面都取得了很大进展，尤其是加工制造业的发展使得产品质量视觉检测应用领域异军突起。传统的质量检测依赖于人工视觉，而在一些特殊领域，如航天、医药等领域对产品质量要求严格，而且需要实现对每个产品的全检，而通过人工检验显然已无法满足要求。机器视觉检验具有稳定、可靠且速度快的优点，采用机器视觉取代人工视觉以提高生产线的柔性、实时性和检测精度，从而提高生产线的生产效率和自动化程度。

另一方面，当前全球市场竞争日益激烈、产品复杂性不断提高、多品种小批量生产方式要求不断增强，而产品的调整期、交货期日益缩短，市场越来越需要一种生产检测能力可以随着市场需求变化而调节、功能可以快速响应新产品的视觉检测系统。但目前我国多数工业视觉系统只针对特定的作业流程，软件设计的图像处理与识别算法针对性强、功能单一、重构与组态性能较差，而且不易扩展和升级，难以满足当前生产制造的需求。

可重构的视觉检测系统正是这样一种具备主动适应外界环境变化以及被动响应系统内部扰动两大功能的视觉检测系统。可重构的视觉检测系统应表现出可模块化、可集成化、用户定制化、可扩展能力、可变换能力以及可诊断能力等特征，用户只需要通过软件提供的人机交互界面，将软件内置的功能模块以类似于"搭积木"的方式进行重组就能完成软件的二次开发，构造出全新的符合要求的软件功能，而不用或者少量编写代码，从而缩短软件开发周期，增强软件的通用性，降低对用户专业技能的要求。

### 1.5.1　传统机器视觉检测系统设计模式

机器视觉检测技术一般是指利用机器视觉手段获取被检测物体的图像并与预先已知的标准进行比较从而确定被检测物体质量状况的技术，是一种建立在机器视觉理论基础上，综合运用图像处理、精密测量、模式识别和人工智能等技术的非接触式检测方法。机器视觉检测技术以被检测物体的图像为检测和传递信息的手段和载体。

机器视觉检测的对象不仅千差万别，而且检测的目的也不尽相同。农产品如柑橘、玉米等通常是检测其成熟度、大小以及形态等，工业产品如工业零部件、印刷电路板通常是检测其几何尺寸、表面缺陷以及位置关系等。而且，不同的应用场合需要采用不同的检测设备和检测方法。如对检测精度要求高的，需要选择高分辨率的相机；需要检测产品的彩色信息，则需要采用彩色相机。正是由于不同检测环境的特殊性，目前世界上还没有一个适用所有产品的通用机器视觉检测系统。虽然各个检测系统采用的检测设备和检测方法差异很大，但其检测的一般模式却是相同的。

机器视觉检测的一般模式如图 1.1 所示。首先通过光学成像与图像采集装置获得产品的数字化图像，再由计算机进行图像处理提取相关检测信息，并依据图像识别结果形成对待检产品的判断决策，最后将决策信息发送给控制响应装置，完成待检产品的处理。

图 1.1　机器视觉检测的一般模式

按照组成部分划分，一个典型的机器视觉检测系统包括如下部分：光源、镜头、工业相机、图像获取单元(或图像采集卡)、图像处理单元、监视器、通信以及输入、输出单元等。首先由相机获取待检产品的图像信号，然后通过 A/D 转换变成数字信号传送给专用的图像处理单元，根据像素分布、亮度和颜色等信息，通过各种运算抽取目标的特征，然后再根据预设的判别准则输出判断结果，去控制驱动执行机构进行相应的处理。机器视觉是一项综合技术，机器视觉系统涉及计算机、光学、机械、电子、软件等多学科，知识涵盖面广，专业要求高，一套完整的机器视觉系统往往需要耗费大量的人力、物力才能实现。因此，传统的视觉检测系统存在实现困难、研发周期长、综合成本高等诸多问题，制约了其市场推广。

传统视觉检测系统设计模式如图 1.2 所示，至少经历图像采集、算法选择、软件编制、软件调试、样机试制等 5 个步骤。

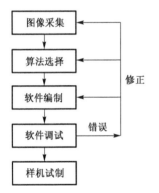

图 1.2　传统视觉检测系统设计模式

图像采集不只是相机的简单选型、不同姿态的拍照实验，而是一个对先验知识要求很高的环节，往往成功实现一个视觉检测系统的前提就是取得具有良好可识别特征的图像。在这个阶段，需要研制者投入大量精力，不断尝试。

取得良好图像只是第一步，算法选择则极大地影响着系统的可行性。研制者要在庞大的图像处理算法中寻找适合的算法加以应用，而且经常面对已有算法都难以取得良好效果的情况，这时就需要研制者从头开始，设计新的算法，所耗费的时间精力难以计算。

机器视觉系统的正常工作需要一个相对稳定的环境，同时还要考虑外部环境或自身器件等导致的图像劣化问题。因此，软件编制、调试、样机试制等过程相比其他技术有着自身的特殊要求。机器视觉检测强调实用性，要求能够适应工业现场恶劣的环境，要有合理的性价比、通用的工业接口、较高的容错能力和安全性，并具有高实时性、高速度和高精度，较强的通用性和可移植性。总之，传统的机器视觉系统从项目立项到最后研发成功，所经历的过程相当漫长。

## 1.5.2　可重构的视觉检测系统设计理念

21 世纪以来，随着软件科学和 Internet 的飞速发展，软件规模不断扩大，新的应用系统越来越复杂，数据处理量不断增长，迫切需要建立更好的软件集成开发支撑环境。不同于传统的设计与编程，组态技术根据控制对象和任务的要求，利用组态软件开发环境提供的工具，通过形象直观的图形化配置、定义或编写脚本，对不同但类似的应用对象进行参数设置、运行状态与流程的控制，不需要重新设计和编程，从而设计实现一种特定的全新软件系统或修改系统功能[45]。该思想被广泛应用到自动化数据采集控制系统、制造系统、硬件系统设计、软件系统等各个领域，衍生出了大量的如工业组态软件、可重构制造系统、FPGA 硬件重构、可重构计算等重构平台。

工业控制组态软件就是这样一种可重构的集成开发环境，它通常采集数据并存储到数据库中，这些数据经分析处理后一方面以生动、形象的图形、表格或动画的方式提供给用户；另一方面，通过控制算法输出信号对现场进行合理控制。为了适应不同的控制对象与工业现场，抽取它们中间相对稳定的共性部分，分离其可变部分，并利用组态技术来实现这些可变性的组合。其中，工业控制软件的可变性一般包括采集信号的性质(模拟量还是开关量、通道、精度、单位、物理意义等)、数据分析处理方法、数据表现形式(图形用户接口)、控制算法及其预期的控制目标等[46]。常用的组态功能主要包括如下几种。

(1)数据库组态：负责配置所采集信号的各种属性，如序号、名称、信号类型、物理地址、采集频率、数据类型、精度、量程等，并由此生成相应的数据库表格，以存储各种实时数据和历史数据。

(2)系统硬件组态：负责配置硬件板卡以及与端口地址相对应的采集通道等。

(3)流程图组态：负责制作基于图元构件的流程图，并记录图元构件的相对位置关系及其关联的数据等属性。

(4)报警组态：负责配置各个信号的报警上下限、优先级以及报警方式等。

(5)控制组态：负责配置控制算法、控制参数以及控制对象等。

(6)图表组态：负责配置各种图表的数据源、颜色、坐标、频率、大小等属性，包括实时曲线/直方图、饼图和历史趋势曲线/直方图等。

(7)报表组态：负责配置实时或历史报表的数据源、数据统计方法、格式、打印方式等。

传统的机器视觉检测系统专用性强，而通用性、可重构性、可扩展性差。这些缺点和不足促使人们寻找一种新的开发模式以快速高效地设计出针对动态变化需求的、可重构的机器视觉检测系统。工控组态思想和软件构件复用技术的日益成熟以及可重构制造系统等应用领域的成果为可重构机器视觉检测系统提供了一种全新的设计理念。可重构机器视觉检测系统的实现将提高检测系统的柔性，降低检测成本，提高企业应对动态多变的产品需求的市场竞争力。

可重构视觉检测平台是采用组态技术实现产品视觉检测功能与识别算法的专用

软件，以多样化的组态方式提供友好的开发界面和简单明了的操作方法，其本质上是实现机器视觉检测系统开发的工具性软件，通过对已有软件模块的属性定义和视觉检测流程的组装，工程师在预先设定好的图形化界面下，以一种类似于"搭积木"的方式，快速地构建所需要的机器视觉检测软件，从而规避了采用计算机语言来开发软件的繁琐过程[47]。

依据系统环境的不同可把机器视觉检测组态软件划分为两个组成部分：视觉检测系统开发环境和视觉检测系统运行环境。

(1)视觉检测系统开发环境：在机器视觉检测组态软件的支持下生成特定视觉检测系统所使用的工作环境，通过建立一系列的用户数据文件，生成目标应用程序，以作为视觉检测系统运行环境运行的依照。

(2)视觉检测系统运行环境：计算机将生成的目标应用程序与数据加载到内存并运行，系统运行环境依据其功能可包括多个运行子程序，如图形界面运行程序、网络服务程序以及实时数据库运行程序等。

按照成员构成划分，机器视觉检测组态软件必备的典型模块包括应用程序管理器、图形界面开发程序、图形界面运行程序、实时数据库组态程序、实时数据库运行程序、图像获取驱动程序等六个部分。

可重构系统的基本特征是系统中有一个或多个可重构器件，通过可重构互连结构构成一个完整的系统。理论上，系统即使已安装到现场仍然可以借助重构平台对整个系统架构作改动，或者使某些组件为多种应用系统所共享。可重构系统最突出的优点就是能够根据不同的应用需要，改变自身的体系架构，以便与具体的应用需求相匹配。因此，系统的可重构性可以在设计、运用、执行等任何一个阶段实现，而这些不同阶段的实现也各自定义了其独特的可重构系统的类别。

### 1.5.3 视觉检测可重构的意义

产品质量是对产品进行规划、设计、制造、检测、计量、运输、储存、销售、售后服务、生态回收等全程的必要的信息披露。菲根堡姆用"没有选择余地(又名零冗余)"说明"人们平常的生活和安排完全决定于产品性能以及产品服务是否让人满意等，这就在很大程度上提高了顾客对产品或服务在持久性和可靠性方面的要求"。

企业都希望自己的产品达到 100%的合格率(即"零缺陷")。控制产品质量是当今企业所面临的最为基本的问题之一，其对降低产品成本、提高最终产品质量以及在国内外市场竞争中占据优势地位等具有重大意义。而人工质量检测多为重复性劳动，易出现错误，工作效率低，对人眼伤害大且劳动强度大。

机器视觉的产生与发展，为那些用一般传感器很难检测质量的产品提供了一种更新的质量检测方法。由生产线上的控制信号触发摄像机定时获取产品图像，将图像传输给专用的视觉处理系统，利用图像处理技术对图像信息作各种相关运算来提取所需要的目标物体特征，根据特征值来对目标对象缺陷进行识别和分类，再作出判断，最后根据判断结果来控制设备的各种动作。机器视觉可代替人眼完成监视、测量和判断，且具有非接触、可重复、可靠性高、连续性好、精度高、效率高、系统柔性好以及易于同生产过程控制与企业信息系统集成等优点，在那些比较危险且不适合人工作的恶劣环境，或者难以由人工检测或测量的场合对产品进行在线、非接触检测，为实施大批量产品定制提供了有效的技术检测手段。目前，机器视觉研究已有了广泛的应用领域，在许多行业发挥着重要的作用，如装配生产线、机器人控制、食品、医学诊断等，纵观以上各领域的典型应用，可以得出如下结论：

（1）机器视觉已应用于工业检测的各个方面，而且应用的广度与深度日益扩展。

（2）对于不同的检测对象和应用场合，必须选择相对应的具有代表性的特征集。

（3）考虑到工况等环境因素，不同对象所采用的图像处理算法和流程也会千差万别。

因此，这些检测系统无一不是专业检测系统，当产品的性质和特点发生改变后，都需要进行重新设计和开发，很难满足快速制造生产的需求。

随着我国制造业信息化工程的推进，以及国际制造业中心向中国的转移，中国正由制造大国向制造强国迈进，同时也提升了对机器视觉产品的需求，机器视觉产品的增多，技术的提高，使得机器视觉的应用状况也将由初期的低端转向高端。由于机器视觉的介入，自动化将朝着智能化、高速化方向发展。另外，由于用户需求的多样化，且要求程度也不尽相同，个性化方案和服务在竞争中将日益重要，以特殊定制的产品代替标准化的产品已成为机器视觉未来发展的一个方向。因此，采用可重构技术，依据产品制造的特点，开发、设计、应用机器视觉检测系统将缓解用户多样化需求与企业生产之间的矛盾，成为视觉检测技术发展的必然。

于是，通过研究可重构理论出现了如 HALCON、IMAQ Vision、Common Vision Blox 与 Sherlock 等视觉开发平台或开发包，但这些工具应用领域针对性强，且都是国外公司研发的产品，价格昂贵，技术支持与售后服务难以保证。因此，研究可重构的机器视觉检测理论与技术，并开发具有自主知识产权的可重构机器视觉检测系统平台对节省国家资源，抵制国外技术封锁，发展与革新民族产业等具有举足轻重的作用。

# 第 2 章　可重构的视觉检测体系

为了实现视觉检测系统的快速定制、软件框架、设计知识与图像处理以及识别算法的重用，以进一步提高视觉检测系统的设计开发效率，促进视觉检测系统配置的智能化，在模块化和构件重用基础上，提出一种适用于产品检测的可重构机器视觉检测设计方法。在对可重构系统设计方法进行回顾的基础上，给出了视觉检测可重构定义及其实现方法。详细介绍了机器视觉检测工作原理和系统结构，剖析了其主要功能模块，并按照硬件系统和软件系统分别给出其重构方案。

## 2.1　可重构系统设计方法简介

可重构设计是指利用可重用的软硬件资源，根据不同的应用需求，灵活地改变自身体系结构的设计方法。其出发点在于不再采用一起"从零开始"的模式来开发应用系统，而是以已有的工作和知识为基础，充分利用以往应用系统开发中所积累的成功经验和软件库，包括需求分析、设计方案、源代码、测试计划以及测试案例等，从而使得开发人员把精力集中在新应用系统所特有的功能和构成上。针对机器视觉检测应用而言，现代工业产品千差万别，产品材质、形状、体积、颜色、纹理以及光学特性等特征各异，检测量也往往存在较大差异，为满足企业的实际生产要求，快速响应市场需求，通用性强、可重构的机器视觉检测技术是解决这一难题的重要途径。机器视觉检测系统的可重构可分为软件可重构和硬件可重构两个方面。采用硬件可重构技术设计的检测系统具有硬件普适性，通过更换各个硬件模块或配置不同的软件代码，即可实现不同功能的检测，从而减少硬件和软件开发上的投入、缩短产品开发周期。

### 2.1.1　视觉检测可重构定义

通常可重构性是指在一个系统中硬件模块或软件模块均能根据变化的数据流或控制流对系统结构和算法进行重新配置[48]。1997 年，美国 Lowa 州立大学的 Lee 以低成本和短周期重组制造系统的能力[49]来定义可重构性。但实际上对可重构性目前还没有一种统一公认的定义。Michigan 大学的 Koren 在 1997 年和 1999 年先后两次对可重构制造系统重新定义和修改，把可重构性理解为制造系统规划、设计与使用范畴[50-51]。理论上，可以通过可重构互连由多个可重构器件构成一个完整的系统；根据可重构性，可以对已安装好的整个系统架构作修改，也可以让多个系统共享同一个组件；还可以根据不同的应用需要，改变本身的体系结构，与实际的应用需求相匹配，这是可重构系统最突出的优点。因此，在讨论可重构性问题时，应该了解重构可以发生在设计、运用、执行等任何一个阶段，而不同阶段则对应于具有各自特性的可重构系统类别。

研究与工业实践证明，可重构性不仅涉及制造系统的硬软件系统，也涉及产品与其他工程系统，甚至软件工程系统以及组织或企业系统的重组，是一个广泛、极有实用价值的概念。为了同时解决复杂性和动态性两个问题，1998 年，美国国家研究委员会提出可重构企业是未来制造面对的 6 大挑战之一，并提出研究开发可重构制造系统是应对制造挑战的 10 大关键技术的第一项关键技术[52]。因此，可重构性理论与可重构系统设计成为研究热点[53-54]。

当前，可重构技术在制造系统以及信息软件系统两大领域应用较多。信息系统的可重构性主要表现为在系统原有软件资源的基础上，通过调整系统的结构、功能等使系统快速适应需求变化的能力。可重构的信息系统包括：可重构的软件体系结构、可重构的信息支持平台、可重构的软组件及先进的编程方法与工具等。

机器视觉检测凭借其非接触式、高效率、高精度、稳定、可靠且易于与其他信息系统集成的优点，在产品制造的各个领域发挥着重要作用。但当前全球市场竞争日益激烈、产品复杂性不断提高、多品种小批量生产方式要求不断增强，同时产品的调整期、交货期日益缩短，市场越来越需要一种生产能力可以随市场需求变化而调节，功能可以快速响应新产品的制造系统。生产制造方式的改变势必要求产品检测方式随着调整，因此，视觉检测可重构适应了这一新的生产与检测方式。

视觉检测可重构利用可重构与组件重用思想，借助视觉检测硬件模块重组与软件集成开发平台，具备主动适应待检产品类型、检测量、检测方法与控制响应功能等生产检测环境的变化，同时被动响应系统内部组件间配合与扰动等两大功能的视觉检测系统平台开发技术。可重构视觉检测系统应表现出可模块化、可集成化、用户定制化、可扩展能力、可变换能力、可诊断能力等特征。

## 2.1.2　视觉检测可重构的实现方法

硬件的模块化与软件的组件化一直是可重构系统的最主要实现方法。模块化和组件化的思想由来已久，通过把硬件系统和软件系统按照系统功能划分为不同粒度的硬件模块或软件库，然后在相应的可重构平台下按照一定的总线与接口方式关联在一起，协调运行以实现具有不同功能的系统。由于当前硬件模块因其硬件结构的限制都自成一体，通过一些标准的硬件接口和总线协议实现互联，所有对其集成除了机械和电气的连接外，大部分的功能主要是借助参数配置、硬件的驱动函数调用等完成，而这些都需要与软件系统打交道。因此，大多数可重构视觉检测系统的设计过程主要涉及软件的重构，通过可重构的软件开发平台实现硬件模块的虚拟总线连接、软件组件的装配、用户界面的自定义等功能。

软件组件(Software Component)与软件复用是一对共生的概念，最早于 20 世纪 60 年代末，在国际会议上被提出。软件组件作为一个单独的过程，目的是将组件作为构造软件的"零部件"。随着软件技术的不断发展及软件工程的不断完善，软件组件将作为一种独立的软件产品出现在市场上，以供应用开发人员在构造自己的应用系统时选用。在软件开发中利用构件技术可以减少开发软件的某些重复性劳动，从而提高开发效率与软件质量。从 21 世纪初期以来，计算机软件领域又掀起了研究组件构技术的热潮，有学者认为软件复用技术可以解决软件危机，同时提出了利用组件技术实现软件复用的基本思路[55-57]。

由标准生产的软件零部件组装生成软件的思想从产生至今一直受到广泛关注，但随着计算机技术与软件工程的发展，人们在不同的时期对其认识不尽相同，软件组件也随之表现为不同的重用形态[58]。

(1)代码组件：20 世纪 70 年代和 80 年代，软件组件主要表现为可复用的程序代码片段，主要考虑如何充分利用已有的源程序代码、子程序库和类库来提高软件开发的效率，其实现方式主要包括子程序、程序包、类、模板等。

(2)设计组件：20 世纪 90 年代，软件组件扩展为分析组件、设计组件、代码组件、测试组件等多种类型，随之产生了如设计模式、框架以及软件体系结构等。

不管哪一种层次的复用形式，软件组件为一种自包含的、可编程的、可重用的、与语言无关的软件单元，用以与其他组件及其支撑环境组装成应用系统。其主要表现为以下基本特征：

(1)封装特征：组件的接口和组件的实现相分离，甚至调用者使用的接口和组件并不在同一位置，调用者只需知道接口并访问接口就可以使用组件。接口相对固定，组件功能和实现方法的变化不会引起接口的变化。

(2)重用特征：组件能够方便地被重用者重用，且与语言无关。

(3)组装特征：组件需要通过组装才能构成完整的应用程序。

从目前的研究来看，如何方便快捷并有效地组装软件组件以形成应用系统成为了软件开发中的核心技术。构件本身的编程技术并不是难点，而组件的模型和体系结构、组件粒度以及运行环境等要素将制约着构件的组装过程。

依据组件组装时对组件内部细节的了解程度不同可分为三种组装方法：黑盒(Black-Box)组装、白盒(White-Box)组装以及灰盒(Gray-Box)组装[59]。

(1)黑盒组装：用户可直接对组件进行使用，不需要做任何修改。其优点是不需要明白组件内部的实现细节，同时有效保护组件源代码不被泄露。但这种方式对组件的要求较高，实现难度较大。

(2)白盒组装：用户需要根据各种需求对已有组件进行适当的修改或改写才能够

使用，势必要求将组件的所有实现细节都展示给用户，以方便用户对其进行适应性修改或者扩展。如此一来，一方面增加了重用者的应用难度，提高了对重用者的技术水平要求；另一方面无法包括组件开发者的知识产权与技术成果。因此，白盒组装是一个可以随意改变的软件组件，其重用也只是局部的、暂时的。

（3）灰盒组装：灰盒组装介于黑盒与白盒组装之间，是当前较合适的选择，其可以获得源代码且能够做一定的修正，也可不需要对任何构件进行修改即可使用，充分体现了组件组装的灵活性和简单性。

由于灰盒组装的优点，灰盒组装方法一直是组件组装技术研究的焦点。当前实现灰盒组装方法主要包括基于框架、连接子以及粘连码的组装三类。

（1）基于框架的组装。

当前盛行的分布式系统设计方法采用面向对象技术开发组件，组件之间借助对象间的相互触发来交互或通信，并维护静态类信息和接口信息，从而通过外部服务或中间件技术形成对象之间的隐式依赖关系。该组件组装非常困难，且在不同平台间移植困难。从体系结构视角、组件视角和分布式对象基础设施三大要素解决组件组装的方法，通过这三个独立的视角使得设计、组件重用、系统进化更加灵活，同时在组装框架的基础上，采用基于端口和链接算法的组件组装方法[60]。

（2）基于连接子的组装。

软件组件通常分为组件和连接子两部分，组件实现模块功能，而连接子实现与其他组件或者系统的连接。以体系树作为基于组件的软件体系结构，采用行为规约投影来表示原始需求规约和净化后的描述组件关联的规约，并依据精化后规约中的连接子部分与原组件连接子之间的对应关系自动生成连接子。

连接子与构件一样需要重用。为了解决其重用问题，连接子模型及构造连接子的复合方法将连接模型 CM 被定义为一个六元组[61]：

$$CM = (C, L, S, T, P, W) \tag{2.1}$$

其中，$C$ 是组件中的应用程序代码；$L$ 是应用层下面的通信库、生成的存根等；$S$ 是操作系统(OS)所提供的底层服务；$T$ 是数据或参数表等；$P$ 是相关各部分调用关系的约束；$W$ 是有关连接子行为的形式约束。

基于连接子的组件组装方法体现了组件功能及其交互接口的分离，从而增加了组件组装的可配置性，是当前技术条件下一种有效地实现组件动态组装的途径。

（3）基于粘连码的组装。

解决组件在组装时所出现的局部不匹配是具有粘连码的组装方法的基本出发点。这种方法虽然本质上属于一种连接子，却表现为特定环境下的代码，并与连接子合并使用以解决组件装配时的不匹配问题。因此，其本身很难再复用。

由于许多组件在设计时通常把支持组件间通信的代码与组件的功能实现交织在

一起，导致组件组装和重用困难。虽然连接子的引入可以分离通信代码，但其通信代码与功能实现却未能分离，因此也不便于重用。针对这个问题，Abamann 等提出将连接子提升至元编程层次，而依据由此产生的粘连码来实现组件的组装。这种组装方法既利用了连接子的优点，同时也解决了其在重用方面的缺陷[62]。

元编程灰盒连接子技术在软件体系结构中由连接子分离组件的通信与应用功能，并由连接子生成附于 Ports 的通信连接代码。应用系统则由带有 Ports 的组件组成，组件之间由带有数据流连接的 Ports 相连，并由连接子实现组件的连接任务。但是，不难看出元编程灰盒连接子技术的缺点在于需要组件的源代码，使得其近似于白盒重用，故在实践中发现不了解组件的源代码将很难实现基于粘连码的组件组装。

具体到视觉检测的可重构，依据图像技术所处理对象的抽象程度和研究方法的不同，可分为图像处理、图像分析和图像理解三个层次(如图 2.1 所示)[63]，不同的层次对应于不同的视觉重构内涵。同时，随着组件技术的发展视觉检测的可重构同样经历了从源代码重用、软件库、软件组件到重构框架以及设计模式这样一个历程。

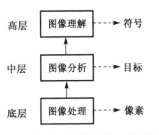

图 2.1　机器视觉检测的三个层次

早期，视觉检测主要集中在一些图像处理算法的应用上，注重强调图像之间的变换，处理的对象集中在图像像素级别上，因此数据量非常大[64]。对应的视觉检测系统多为专用的软件，通常一套检测系统对应一个视觉检测软件与一类指定的检测对象。当检测对象改变或者用户的检测需求发生变化时，原有的视觉检测系统通常难以直接移植使用，需要重新围绕新的需求重新开发视觉检测系统。虽然在代码编辑环境下重新编写程序时可以重用之前的代码段、函数等，但是需要开发者完全明白之前系统的视觉检测算法和流程才能进行改写，开发难度大，而且大大降低了系统开发效率，开发成本也随之增加。

软件组件技术的发展使得视觉检测系统的重用成为可能，而组件复用的形式主要表现为函数库、类库、子程序集等，并把这些软件组件纳入到一个机器视觉软件平台，具有统一的共享数据结构和规范的接口。在此类机器视觉软件平台下，用户可以通过调用被封装在函数库和子程序集中的成熟图像处理算法与数据集来实现适应于特定应用的视觉检测流程与算法，从而避免了"从零开始"的软件开发模式。当前被广泛使用的此类机器视觉软件平台主要有 OpenCV、Sapera、LabView、MATLAB、VisionPro 等。这些函数库、类库的使用提高了视觉检测软件开发的效率，然而用户只能在设计阶段通过调用不同的子函数、子程序来实现程序的重构，主要还是集中在代码层次，未能解决应用阶段对软件的重构。当检测对象或检测需求变化时，仍然需要回到设计阶段对整个视觉检测软件进行更改，重新编译、链接以生成新的检测系统[65]。

于是，软件组件的概念不再局限于各种函数库和类库，而扩展到系统需求、规约、系统体系结构和数据的层次，出现了一些成熟的软件组件模型，如 COM、EJB、Web Service 等。这些良好的组件模型和组装机制简化了组件组装和重构的实现过程，避免了大量重复性的开发内容，很好地解决了异构网络环境下分布式应用系统的互连与互操作问题。

另外，机器视觉检测系统是一个软硬件相结合的复杂系统，从其组成成分来看，机器视觉检测系统的可重构可以从软件的可重构与硬件的可重构两方面进行考虑。下面分别以两个例子说明这两类重构系统设计方法。

(1)视觉检测软件可重构方法：以饮料瓶缺陷检测为例，饮料瓶需要检测的量很多，而且各不相同，如有检测饮料的液位的，有检测瓶上塑料标签的，有检测生产日期的，有检测瓶盖缺陷的，还有检测饮料中的异物的，等等。而每一种检测内容可能对应于不同的检测算法，如光学字符识别(Optical Character Recognition，OCR)、液位的边缘特征提取、标签的模板匹配以及异物的特征提取与识别等。有时即使采用相同的视觉检测算法也存在识别参数的不同。为了避免这种重复的开发任务，算法重构是此类视觉检测系统软件的核心，可以分析相关的各类检测类型的算法流程，以一定的粒度提取流程中的公共部分，设计为相应的组件；或者直接选择各种科研与商用的机器视觉组件库。然后，针对不同的检测作业流程，选择所需的算法模块及其对应的具体算法与参数配置，并加以组合就能装配出所需的算法序列。具体的算法重构流程可描述如下：针对特定的检测流程，从算法库中选择所需的算法并将其送入算法过滤模块。若所选算法满足其所需的约束条件，则将算法送入算法装配模块；否则，须重新选择算法。最后，算法装配模块把选择的所有算法进行组装并输出[66]。

(2)视觉检测硬件可重构方法：长期以来，相对软件实现的系统以牺牲一定的系统性能来换取较好的灵活性和柔性不同，硬件实现的系统中，算法一旦被固化成硬件，虽然具有平行性、速度快等优越性能，但几乎完全丧失了灵活性，系统升级更新困难。但是有些实时性要求高的视觉检测系统，完成通过软件系统的可重构虽然满足功能与重构的要求，但是可能无法满足性能方面的要求。因此，产生了一种介于硬件和软件实现方法之间的可重构系统，通过对视觉检测系统中的可编程器件进行重新配置或部分配置，将软件实现与硬件实现的优点相结合。在这种可重构系统中，硬件中的可编程器件配置信息可以像软件程序一样被动态修改或调用。视觉检测算法实现的比较如表 2.1 所示[67]。

因此，视觉检测硬件可重构的核心是设计一种针对图像信息处理的可重构并行处理器，该处理器的设计可采用 DSP、FPGA 等混合计算结构，既具有制造完成后的可编程性，又能提供较高的计算性能，可满足图像信息处理的实时性要求，且无需改变连线资源的分配状况等硬件电路，仅改变若干元件的逻辑功能即可实现处理器的图像采集、图像处理和分析功能[68]。

表 2.1　视觉检测算法实现方法比较

| 实 现 方 法 | 硬 件 | 软 件 | 可重构方法 |
|---|---|---|---|
| 速度 | 快 | 慢 | 较快 |
| 并行性 | 完全的并行 | 指令级的并行 | 部分的并行 |
| 开发难易 | 难 | 易 | 中 |
| 一次性投入 | 大 | 小 | 小 |
| 可升级性 | 难 | 易 | 较容易 |

## 2.2　机器视觉检测工作原理与系统结构

作为计算机学科的一个重要组成部分，机器视觉系统就是利用机器代替人眼来作各种判断与测量[69]，它不仅结合了光电、机械、计算机软件，而且还综合了硬件等诸多方面的理论知识与科学技术。现如今，机器视觉技术的发展在很大程度上归功于图像处理技术与模式识别技术的快速发展。

### 2.2.1　机器视觉检测系统工作原理

机器视觉检测通过图像传感器获取待检测对象的图像数据，然后应用图像处理与分析方法对待检测对象进行识别与测量，最后根据事先制定的响应策略对待检测对象进行相应的控制和响应。依据图像采集与图像分析在时间上的连贯性以及视觉检测与控制响应的时效性不同，机器视觉检测系统可以分为在线检测与离线检测两大类。在线检测强调从图像采集，到图像分析，再到控制响应是一个连贯的过程，讲究其整个流程的处理时间和效率，实时性是其重要的性能指标。离线检测系统的图像采集与图像处理大多分离，对图像处理、分析的效率没有苛刻的要求，通常也没有控制响应环节。由于在线视觉检测系统相对复杂，并包括了从检测到控制的全过程，故在这里主要以在线视觉检测系统为例进行讨论。

通常在线机器视觉检测系统的原理如图 2.2 所示，主要由工业相机、光源、图像采集设备、图像处理设备、机器视觉检测系统软件以及控制响应模块等组成。其具体工作过程如下：

(1)待检测产品随着辊子的旋转顺序经过光源与工业相机所构成的成像系统中，编码器检测辊子的转速并反馈给图像采集卡，图像采集卡根据事先设定的相机参数配置依编码器信号触发工业相机(CCD 或 CMOS 相机)获取待检测产品的图像。

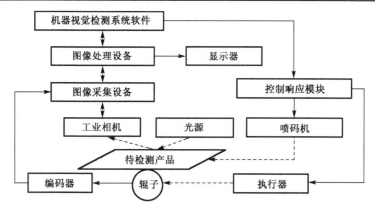

图 2.2　机器视觉检测系统工作原理图

在这个过程中，面阵相机和线阵相机的成像方式稍有不同。对于面阵相机，当检测产品进入成像系统的视场中，一般会触发工件定位检测器发出一个信号给采集卡，再由采集卡触发相机获取一帧图像。有时为了给成像系统补光增加成像效果或者采用频闪灯获取高速运动的产品，图像采集卡通常会根据系统事先设定好的延时和程序，分别向照明系统和相机发出触发信号，使得相机曝光时间与光源照射时间相匹配。而对于线阵相机，由编码器对应的每个相机触发信号只是触发相机获取正对线阵 CCD 的一列图像像素，但辊子带动待检测产品连续经过线阵相机时，编码器产生的与待检测产品运行线速度相一致的触发信号将触发相机连续扫描，以达到对待检测产品整个表面的均匀检测，并把一行一行的图像拼接成一帧图像。

（2）由相机或采集卡完成图像的数字化与相关预处理后，图像采集卡借助计算机总线把图像快速存放在处理器或工控机的内存中。

（3）工控机上运行的机器视觉检测系统软件对接收的图像进行最终处理、分析与识别，并获得逻辑控制值及测量结果。

（4）经过图像分析得到的数据结果，将用于控制生产线的运动，并可根据用户需要通过控制模块控制喷码机对产品缺陷位置等信息进行标注和定位。

从上述的视觉检测流程来看，机器视觉检测系统是一个十分复杂的系统。由于机器视觉系统检测的对象大都是运动目标，系统与运动目标协调动作尤为重要，这就要求系统各部分的执行时间和处理速度有很高的的匹配度。尽管机器视觉检测系统存在技术要求高、实现起来复杂等缺点，但机器视觉检测系统因其非接触式、可靠性高，可代替人眼进行长期、重复、高稳定性、高精度的检测，在医疗、工业、农业、国防、交通等行业的广泛应用中越来越体现出其独特优势。

机器视觉检测是一个系统工程，涉及大量硬件与软件系统，其中计算机中的图像处理与分析是整个视觉检测的关键步骤。一般的图像处理流程如图 2.3 所示。

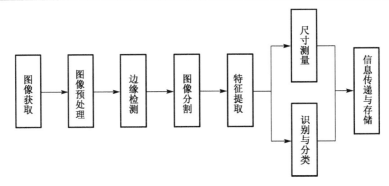

图 2.3　视觉检测中图像处理流程图

(1) 图像预处理。

由于数字图像采集不同于传统照片拍摄，它完全依赖于电子元器件，故在采集与传输等环节极易受到干扰，这些干扰将在所得的数字图像中形成噪声，进而对图像信息的处理与识别造成影响。因此，为了有效改善所获取图像的质量，一方面可在硬件上增加电子屏蔽，另一方面主要通过相应的图像预处理手段以减少噪声。

另外，预处理导致的图像劣化问题，或采集环节中光照、环境等原因造成图像质量较差，也会直接影响后续的图像识别与分析。图像增强针对给定图像的应用场合，有目的地增强图像的整体或局部特征，将原来不清晰的图像变得清晰，或者凸显某些感兴趣的特征，扩大图像中不同物体特征之间的差异，抑制不感兴趣的特征，以改善图像质量、丰富图像信息量，加强后续图像分析与识别的效果。

(2) 边缘检测。

为了提取图像中感兴趣的目标，首先需要圈定感兴趣目标的区域，以减少多余信息对目标识别的干扰，同时改善计算效率。边缘检测常用于剔除图像中的不相关信息，保留图像重要的结构属性，并借助图像信息深度上的不连续性、表面方向的不连续性、物质属性变化以及场景照明的变化来标识图像中亮度变化明显的点。

(3) 图像分割。

图像中，往往是目标与背景混在一起，人脑可以十分迅速地完成目标的分割、提取、识别这一过程，但是计算机却很难做到这点。采取图像分割将数字图像以一定标准分割成若干个特定的、具有独特性质的区域。图像分割是由图像处理到图像分析的关键步骤，现有的图像分割方法主要包括基于阈值的分割方法、基于区域的分割方法、基于边缘的分割方法以及基于特定理论的分割方法等。

(4) 特征提取。

经图像分割后，目标与背景得以分离，但此时可能出现特征信息断裂，离散程度过大等问题。特征提取的主要工作通常是要首先将经图像分割而离散的特征信息进行聚类，避免由于信息离散导致的特征信息提取不准确，影响后续操作。准确聚类后，再提取诸如边界、斑点等信息，交由后续流程作出目标识别或尺寸测量。

（5）目标识别与分类。

目标的识别与分类是对整个系统智能化要求最高的环节，它是模拟人对目标的判断，是属于图像理解这一较高层次。目标识别方法主要有基于传统模板匹配的识别方法与基于统计模式识别方法。神经网络分类器等一系列方法是目前目标识别与分类研究领域的核心方法。

（6）尺寸测量。

多数视觉检测系统都需要进行尺寸测量，如缺陷的尺寸及其种类、位置信息等都是视觉检测系统所必需的，这些量化的指标一同决定着待检测产品的质量优劣。

（7）信息传递与存储。

经过以上图像识别与分析流程，缺陷信息均已确定，这些信息将可用于系统控制或是直接输出检测报告，完成检测过程。

## 2.2.2　机器视觉检测系统结构

典型的机器视觉检测系统一般由硬件系统和软件系统组成，包括前端成像部分和后端图像处理部分，光源、镜头、相机、计算机、控制响应模块以及视觉检测系统软件是组成一个完整的机器视觉系统的必要部件。光源是前端成像技术的重要组成，光源的选择需要根据检测要求、目标形态特性以及表面光学特性进行研究确定，其次根据目标特征和拍摄距离变化等设计和控制成像系统，最后根据实际检测要求确定镜头、相机等成像器件的各种指标。后端图像处理技术包括对图像分析处理的各种算法以及系统硬件控制方法等。机器视觉检测系统模型如图 2.4 所示。

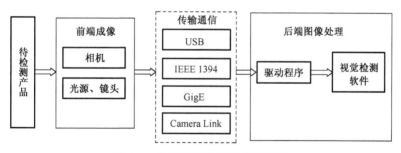

图 2.4　机器视觉检测系统模型图

### 1. 光源及照明方式

机器视觉系统的好坏首要评价指标就是其成像是否清晰、是否高对比度以及能否反映目标特征，而光源在这方面起着关键作用。成像的质量直接影响算法的难易程度以及获取数据的质量。光源本身的特性会影响成像质量，而对于同一个光源，照明方式不同成像效果也是不一样的。确定了合适的光源，还需要合理的照明方式，二者互相配合才能达到最理想的照明效果。照明方式的设计一般需要考虑光照强度分布是否均匀且可控。照明方式直接影响系统的总体效率、准确性以及图像的质量，其作用至关重要。通过对照明方式的合理设计，可以改变成像的清晰度，增强图像对比度，减少反射、阴影和噪声，从而缩短处理时间。光源选择合适以及照明方式设计合理，不仅可以降低图像中目标与背景分离的复杂度和算法难度，而且还能提高系统定位准确度以及测量精度。针对不同对象与要求，机器视觉系统的照明系统是不同的，需要根据实际情况选择合适的光源并设计合理的照明方式。

光源可以提高目标亮度、突出目标特征、去除外界光线干扰以及用作测量参照等。光源选择需要考虑以下因素：辐射效率、发光效率、光谱功率、空间光强、色温、颜色和寿命等。目前，光源的发展主要表现以下趋势：亮度越来越高、寿命越来越长、专业性越来越强、成本越来越低。光源的分类方法很多，按发光器件可分为卤素灯、荧光灯、LED 灯、氙灯和电子发光管等。在机器视觉检测系统中，合适的光源与照明方案往往是整个系统成败的关键，是影响机器视觉系统输入的重要因素，因为它直接影响输入数据的质量和至少 30%的应用效果。

### 2. 相机

相机是机器视觉系统中获取图像的主要部件，其最本质的功能是将光信号转变成为有序的电信号。其核心部件为光电传感芯片，目前应用广泛的视觉器件包括电荷耦合器件（Charge Coupled Device，CCD）和互补式金属氧化物半导体（Complementary Metal Oxide Semiconductor，CMOS）两类光电感光芯片。CCD 于 1970 年被首次提出，随后非稳态基本理论被建立。CCD 使用硅片替代传统化学胶片，使用光电效应获取图像信息，成像质量高，成为成像器件中的主导技术，翻开了数字成像芯片崭新的一页。CMOS 最早出现于 1969 年，最初 CMOS 并没有应用于要求较高的场合，因为其成像质量差、像敏单元尺寸小、填充因子低和响应速度慢。1989 年出现了"主动像敏单元"后，芯片的光电灵敏度提高、噪声减少、动态范围大，大大提升了 CMOS 的性能，使其能与 CCD 媲美，而在功耗、尺寸和价格等方面又优于 CCD，因此 CMOS 得到了越来越广泛的应用。CCD 和 CMOS 在成像技术上有很大差别，但其基本成像过程是类似的，只是采用的方式和机制不同。

相机的参数主要包括采集速度、触发方式、分辨率、体积、光学接口以及计算机接口等。相机的选择不仅要考虑本身的特性，还需考虑与光源及照明方式的配合，具体需要考虑的因素如下：

(1)扫描方式。按照传感器的结构将相机可分为面扫描与线扫描两类。前者主要应用于面积、形状、尺寸、位置甚至温度的测量，有利于获取目标的二维图像，使得测量更加直观。后者必须与扫描运动配合才能获取目标的二维图像，但是运动过程可能会影响图像精度，因此对光源和算法都有较高要求。

(2)分辨率。相机分辨率是由其所选用的芯片分辨率来决定的，面阵相机采用水平和垂直方向上的两个像元数量来表示。分辨率对图像质量有很大的影响，在同样大的视场内成像时，分辨率越高，像素数量越多，细节表现就越明显。

(3)颜色。按照颜色可以将相机分为黑白和彩色两类。前者具有信噪比高、灵敏度高、图像对比度大、图像数据量小以及数据采集速度快等特点。后者颜色反应清楚，颜色识别能力强，能提供比黑白相机更多的颜色信息，在那些需要分析图像颜色的场合有着不可替代的作用。

(4)输出接口形式。按照相机的接口方式可以将相机分为模拟和数字两类，目前数字式相机应用比较广泛，常用的数字接口形式有 IEEE 1394、Camera Link、Gigabit Ethernet、USB 等，其接口技术参数如表 2.2 所示。

表 2.2　常用相机接口技术比较

| 接口类型 | Camera Link | USB | IEEE 1394 | GigE |
| --- | --- | --- | --- | --- |
| 速度 | Base: 255MB/s<br>Full: 680MB/s | 38MB/s | 1394a: 32MB/s<br>1394b: 64MB/s | 100MB/s |
| 距离 | 10m | 5m | 1384a: 4.5m<br>1394b: 10m | 100m |
| 优点 | 带宽高，抗干扰能力强 | 易用，价格低，多相机 | 易用，价格低，多相机，传输距离远，CPU 占用低 | 易用，价格低，多相机，传输距离远，缆线价格低 |
| 缺点 | 价格高，需单独供电 | 无标准协议，CPU 占用高 | 长距离传输成本高 | CPU 占用较高，存在丢包现象 |

(5)速度。速度是相机的重要参数之一，尤其是检测目标为运动物体时，只有当相机速度与目标移动速度满足一定要求时才能获得良好的成像效果。面阵相机通过帧率来表示，单位为 fps，表示每秒中采集图像帧数。线阵相机通过行频来表示，单位为 kHz，表示每秒中采集图像数据行数。

3. 镜头

镜头是获取图像又一重要部件，需与相机配合产生最佳效果。镜头对光束进行变换，在图像传感器的光敏面上形成图像。镜头的参数包括：波长、焦距、分辨率、成像面大小等，选择镜头时需要考虑以下具体因素：

① 波长和变焦。大部分机器视觉检测系统使用的是可见光波段，也有些特殊的检测系统使用紫外或红外波段。当系统工作距离和放大倍数不变时，镜头需要定焦；当系统工作距离变化而放大倍数不变或者工作距离不变而放大倍数变化时，镜头需要变焦。

② 成像面大小和分辨率。镜头成像面必须比相机靶面大，从而充分利用相机的成像芯片。分辨率必须与相机像元大小一致，从而充分利用相机的分辨率。

③ 视场角和焦距。焦距是通过分辨率、相机的像元大小等基本的系统参数计算得到的，具体步骤如下：

(a) 根据光源确定是否可见光镜头；

(b) 系统物距 $D_0$ 是否发生变化、分辨率是否固定，从而确定镜头是定焦还是变焦，大多数情况下一般采用定焦镜头；

(c) 根据像元尺寸 $S \times S$、系统分辨率 $R$ 确定放大倍数 $M$；

(d) 根据物距和放大倍数求出理论焦距 $F_0$，找出标准焦距 $F$ 中最接近理论焦距的值，具体计算方法如式 (2.2) 与 (2.3) 所示。

$$M = \frac{S}{R} \tag{2.2}$$

$$F_0 = \frac{D_0 \times M}{M+1} \tag{2.3}$$

### 4. 图像采集卡

图像采集卡的主要功能包括触发相机获取图像，实现相机曝光、光源以及生产线动作的时间同步，对相机所输出的视频数据进行实时采集，并通过其与 PC 的高速接口传输图像到 PC 的内存空间，在机器视觉检测系统中扮演着非常重要的角色。图像采集卡直接决定了相机的接口类型，如黑白或彩色、模拟或数字等。

比较典型的有 PCI 或 AGP 兼容的图像采集卡，可以将图像迅速地传送到计算机存储器进行处理。有些图像采集卡还内置有多路开关，可以同时连接多个不同的相机，然后通知图像采集卡利用哪一个相机获取图像信息。有些图像采集卡具有内置的数字输入以触发采集卡进行捕捉，当采集卡抓拍图像时就触发数字输出口。

### 5. 计算机

计算机是视觉检测系统的载体，图像的实时采集、分析处理、显示输出等功能均由计算机来协调与实现。由于相机接口多种多样，所以计算机必须配有相应的接口。除此之外，机器视觉系统采集的图像需传输到计算机，通过计算机运行图像处理软件对图像进行分析处理和模式判别，因此对计算机的配置也有一定的要求。视觉检测系统的高精度、高可靠性需由计算机的软硬件来保证。计算机的软硬件配置必须与待处理的数据量以及速度要求匹配，否则当图像数据较多而计算机配置较低时，会影响整个图像处理系统的运行速度，甚至出现死机，降低工作效率[7]。工控机 (Industry Personal Computer，IPC) 是一种加固的增强型个人计算机，可以作为一个工业控制器在工业环境中可靠运行，适应工业现场的复杂环境和满足不同产品的视觉检测需求。

其实，从机器视觉检测系统的运行环境来分，除了以上基于 PC 的系统之外，基于 PLC 的系统也是常用的图像处理设备。基于 PC 的系统利用了其开放性、高度的编程灵活性和良好的 Windows 界面，同时系统总体成本较低。基于 PC 的系统内含高性能图像采集卡，一般可接多个镜头，并提供库函数支持。目前，由世界一流的 PC 视觉系统生产厂商美国 Data Translation 公司研发的 MACH 系列（如 DT3155）和 MV 系列 PCI 工业视觉卡已成为业界标准，并提供 32 位 Windows 下 C/C++编程用 DLL，VB 和 VC++图形化编程环境下的 DT Active Open Layer 可视化控件，以及 Windows 下面向对象的机器视觉组态软件 DT Vision Foundry，用户可利用这些开发工具快速开发复杂高级的应用。类似的还有美国 NI 公司，将机器视觉、运动控制功能与其被广泛应用的 Labview 虚拟仪器软件相结合，效果显著。

与美国公司大力发展 PC 结构相比，日本和德国公司则在基于 PLC 的系统方面走在前列。在 PLC 系统中，视觉系统更像一个智能传感器，图像处理单元独立于系统，通过串行总线和 I/O 与 PLC 交换数据。日本松下公司的 Image Checker M100/M200 系统就是这方面的代表。该系统利用高速专用集成电路（ASIC）进行 256 级灰度检测，带逻辑条件和数学运算功能。系统软件固化在图像处理器中，通过简易键盘对显示在监视器中的菜单进行配置，开发周期短，系统可靠性高，其新一代产品 A110/A210 体现了集成化、小型化、高速化和低成本的特点。欧姆龙、Keyence 等公司也有类似的系统，但在技术性能上相对简单，更适用于进行有无判别或形状匹配等。德国西门子公司的智能化 PROFIBUS 工业视觉系统 SIMATIC VS 710 提供了一体化的、分布式的高档图像处理方案，它将处理器、CCD、I/O 集成在一个机箱内，提供 PROFIBUS 的联网方式或集成的 I/O 与 RS232 接口，可借助 Windows 下的 ProVision 软件进行组态。SIMATIC VS 710 第一次将 PC 的灵活性、PLC 的可靠性、分布式网络技术和一体化设计结合在一起，使得西门子在 PC 和 PLC 体系之间找到了完美的平衡。

### 6. 控制响应模块

控制响应模块主要负责依据视觉检测的结果对待检测产品进行喷码打标处理，或控制产品生产流程等，主要借助各种 I/O 或通信协议把图像处理设备的判别结果发送给控制响应模块，再由控制响应模块发送相应的指令控制触发喷码机或打标机以及其他执行机构。在基于 PC 的视觉检测系统中控制模块大多可通过各种控制板卡直接输出控制指令给执行机构来完成，而在基于 PLC 的视觉检测系统中则通过图像处理装置与 PLC 的通信总线实现控制信号的传输。

### 7. 视觉检测系统软件

视觉检测系统软件主要是指图像分析处理软件，通常包括图像增强、数据编码和传输、平滑、边缘锐化、分割、特征抽取、图像识别与理解等内容。视觉检测软件是视觉检测系统的核心，关系到检测系统的精度与判别结果的准确性。主要提供图像处理与识别、机器视觉测量工具、图像实时显示、检测结果数据统计分析、产品数据库、网络通信以及人机交互界面等功能。

### 2.2.3 机器视觉检测系统功能模块

机器视觉检测系统按照其功能分为以下模块：图像采集模块、图像识别模块、控制响应模块、记录查询模块、人机交互模块和传输通信模块，如图 2.5 所示。

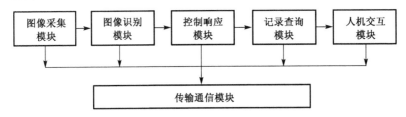

图 2.5 机器视觉检测系统功能模块及其流程图

### 1. 图像采集模块

首先对图像采集卡初始化，设置图像缓冲区，然后依次抽出一小块内存，并且为图像缓冲区命名相应的不重复的名称，并为图像采集配置相应动作的触发信号。当指定动作产生触发信号后，系统接受到触发信号才开始采集图像到相应的寄存器地址。其采集流程如图 2.6 所示。

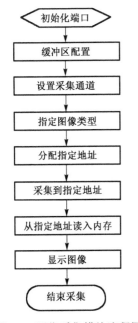

图 2.6 图像采集模块流程图

### 2. 图像识别模块

图像识别模块是这个视觉检测系统的重点模块，主要实现图像识别参数配置、图像预处理、图像增强、边缘检测、图像分割、特征提取、图像分析、目标识别、图像测量、相机标定等功能。一般视觉检测系统可以分为自动检测和离线检测两部分，且两者无不干扰地共享图像识别模块的所有功能。一般零件的实时检测靠自动检测来完成。离线检测主要以人工手动的检测为主，用来离线分析专门的产品实例或调整图像识别参数等，以拓展视觉检测系统的功能。同时离线检测所做的参数改变可以通过动态节点的方式传到自动检测过程，通过选择不同的参数共享方式，既可以同步到自动检测的参数设置中，也可以不影响在此启动自动检测时的参数设置。

### 3. 控制响应模块

对图像识别模块的结果进行响应，根据用户的设定参数，既可实现停车，方便人工对次品的手动操作；也可不停机的自动打标或喷码，以标示缺陷位置和类型。通常有图像处理装置或计算机通过 I/O 和通信接口发送控制指令给外面控制器或 PLC 等，再由这些控制器控制生产线的电机、变频器或其他的执行机构。

### 4. 记录查询模块

图像采集模块、图像识别模块以及控制响应模块都会产生大量的图像、特征值、控制变量、检测量状态值、生产线信息以及产品质量检测信息等。这些信息和数据都是重要的生产数据和产品质量追溯信息，有必要记录在产品数据库中，以方便日后的查询和产品追踪。该数据库记录与查询模块也可集成到整个企业的 ERP 等信息系统中，实现视觉检测系统与售前售后的信息共享和产品质量追踪。

### 5. 人机交互模块

人机交互模块为开发人员提供系统重构与扩展的工具，为操作人员提供视觉检测系统参数配置、实时检测图像显示、信息查询与显示等接口。

### 6. 传输通信模块

视觉检测系统中各个模块之间的交互与数据共享都通过传输通信模块实现，主要包括有：图像采集与图像识别模块之间的图像传输协议，如 Camera Link、USB、IEEE 1394 等；图像识别模块与控制响应模块之间的控制指令传输，如串口、以太网、Modbus 等各种工业现场总线等。另外，当采用分布式视觉检测体系结构时，视觉检测主机和各个客户机之间的数据传输与共享也必须依靠高可靠性与高传输效率的网络系统。

## 2.3　机器视觉检测硬件系统可重构

在机器视觉检测系统中，随着大规模的集成电路或专用芯片的发展，图像处理中的一些简单的图像处理算法都可以在大规模的集成电路或专用芯片中完成和实现。目前的图像处理系统主要采用两种硬件设计方式：一种是采用全定制的专用集成电路(Application Specific Integrated Circuit，ASIC)设计，另一种则是采用处理速度高的半定制的现场可编程门阵列(Field-Programmable Gate Array，FPGA)或数字信号处理器(Digital Signal Processor，DSP)[70]。

### 2.3.1　硬件异构模式下通用图像获取

图像处理系统一般分为专用和通用两种。专用图像处理系统通常针对某一特定领域的应用而构建，通用图像处理系统一般是计算机加图像采集卡所构成的处理系统。不管是哪一种图像处理系统，都涉及不同图像采集设备与系统的兼容问题。

目前，大量不同品牌的图形图像获取设备在各行各业都有广泛的应用。这些数字图像获取设备在开发过程中，商家根据用户的不同需求量身定制了不同的 SDK (Software Development Kit)，其通用性很差，且开发的程序兼容性差，不具有移植性。因此，给用户的使用带来很大的不便，要么需要加载各种采集设备的驱动，使得程序十分臃肿而效率低下；要么每次更换采集设备都需要重新开放视觉检测系统软件中有关图像获取部分的代码，无法实现快速重用。如果将系统中所有与相机互联、与采集设备驱动相关的图像获取模块设计为更加通用化、标准化的可重构模块，则每次更换视觉系统硬件时无需重新设计图像获取模块，而只要采用具有相同接口的、已经模块化的可重构组件替代之前的图像获取组件即可，以便实时快捷地加载相机驱动并采集图像。

### 2.3.2　基于 FPGA 的图像预处理硬件重构

FPGA 既继承了 ASIC 的大规模、高集成度和高可靠性等优点，又克服了 ASIC 设计周期长、投资大和灵活性差的缺点，正逐步成为复杂数字硬件电路设计的理想选择。

随着 20 世纪 80 年代中期 Xilinx 公司推出其第一款现场可编程门阵列 (FPGA) 以来，FPGA 的基本结构已经发生了很大变化。FPGA 一般由输入输出模块 (Input/Output Block，IOB)、可配置逻辑模块 (Configurable Logic Block，CLB)、数字时钟管理模块 (DCM)、布线资源 (Routing)、嵌入式资源 (如 BRAM 等) 和嵌入式专用硬核 (如 PCI-E 核、千兆以太网 MAC 核和嵌入式 CPU 核) 等部分组成[71]，如图 2.7 所示。

其中，输入输出单元 IOB 是 FPGA 与外界电路的接口，它被设计为可编程模式，通过软件的灵活设置完成不同电气特性下对输入/输出信号的驱动与匹配要求。可配置逻辑模块 CLB 是 FPGA 可编程逻辑主体，可根据设计灵活地改变其内部连接与配置，完成不同逻辑功能。FPGA 的基本可编程逻辑单元一般由查找表 (Look Up Table，LUT) 和寄存器组成。一般情况下 FPGA 依赖查找表完成纯组合逻辑功能，依赖寄存器完成同步时序逻辑功能。布线资源位于内部逻辑模块之间，经编程实现 CLB 与 CLB 之间、CLB 与 IOB 之间的互联，布线资源的连通与否由其中的开关矩阵 (Switch) 确定。布线资源中连线长度和工艺决定信号在连线上的驱动能力和数据传输速度。嵌入式 RAM 资源和嵌入式专用硬核拓展了 FPGA 的应用范围，提高了 FPAG 的处理能力，增强了其灵活性。

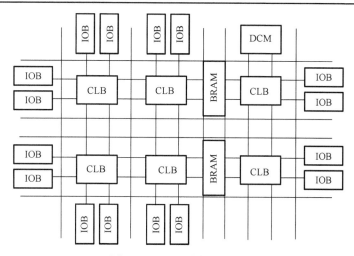

图 2.7　FPGA 结构示意图

基于 SRAM 编程技术的 FPGA 通过阵列中的 SRAM 单元对 FPGA 的逻辑单元进行编程。SRAM 单元由一个 RAM 位和一个 PNP 晶体管组成，RAM 位中存储信息控制 PNP 晶体管的通断，所有 SRAM 单元的不同配置组合方式将实现不同的逻辑功能。系统上电时，SRAM 单元的配置信息由外部电路写入 FPGA 内部的 RAM 中；电源断开后，RAM 中的数据将丢失。因此，SRAM 编程型 FPGA 可重复使用，且具易失性。FPGA 的这一特点可以实现数据的静态重载，也可以实现 FPGA 的在线动态加载，也使得 FPGA 成为可重构系统发展的持续驱动力。

现在有些 FPGA 支持部分动态可重构，其 SRAM 配置单元由许多以垂直阵列方式排列的配置列（Configuration Columns）组成，而一个配置列中存储的数据又由多个配置帧（Configuration Frames）组成。配置帧是配置存储器可读写的最小单位，是实现部分重构的最小单元。在 FPGA 内部，FPGA 配置地址空间被分为主地址（Major Address）和子地址（Minor Address），每一个配置列在 FPGA 内都有唯一的主地址空间，每个配置帧在配置列内有唯一的子地址空间。通过配置寄存器（Configuration Register），配置帧能够准确地存储到相应的配置空间。通过 FPGA 的配置数据总线，可以读写内部配置寄存器，从而实现 FPGA 的部分重构以及配置数据回读（Read-back）等配置功能。

以 Altera 公司的 Stratix IIGX 系列 FPGA 为例，其配置方式主要有 FPP（快速被动并行）、PS（被动串行）、AS（主动串行）等，一般由控制信号（nConfig、nStatus、Conf_Done 和 Init_Done 等）、时钟信号（DCLK）和数据信号（DATA）等组成。其配置分 3 个阶段：第一阶段配置阶段，该阶段由控制信号 nConfig 触发，在初始化 nStatus 信号并复位 FPGA 以后，nStatus 信号由低变高正式触发 FPGA 的配置过程。当 FPGA 配置结束以后，Conf_Done 信号拉高，配置进入第二阶段，即初始化阶段，在内置振荡器驱动下 FPGA 的内部控制逻辑根据写入的配置文件完成各 SRAM 控制位、I/O 引脚等的初始化工作。当初始化结束后，FPGA 进入第三阶段（用户阶段），开始正式执行用户逻辑。

基于 FPGA 的硬件重构具有软件系统的灵活性和硬件系统的快速性[72]，在图像预处理方面相对其他硬件而言有很大的优势。随着近些年来图像采集与处理系统硬件技术的发展，许多图像数据采集系统被研发出来，具有较高的科学价值，但仍然存在一些问题有待改进。半导体产业的迅猛发展使得高速数据采集技术得到较快的发展，利用 FPGA 硬件重构技术实现高速图像采集与处理将成为未来发展的趋势。

## 2.4　机器视觉检测软件系统可重构

机器视觉检测应用中，视觉检测软件处理的对象为由图像传感器所采集的图像数据，图像处理与识别过程中存在着大量重复的环节，如图像预处理、图像分割、图像增强、边缘检测、特征提取与识别分类等。采用基于组件的视觉检测软件可重构技术，提取视觉检测应用中的抽象模块，将不同的处理环节设计成独立的组件，组件与组件之间通过视觉检测系统的软件总线进行连接，形成一个完整的视觉检测软件。基于组件的视觉检测软件平台采用图形化操作方式，用户不需要编写代码，只需要针对具体的视觉检测需求，通过简单地连线、拖拽就可以方便地搭建出所需要的视觉检测软件。当检测对象发生变化或检测需求变化时，用户可以在应用阶段在线的调整软件程序，即通过动态的添加、删除、配置组件以及更改组件之间的连接关系，实现在线重构视觉检测软件，而不需要将整个视觉检测软件重新编译链接。

目前，国际上主要的机器视觉产品制造商都有各自的视觉检测产品与视觉检测软件开发平台。如 Cognex 公司生产的 VisionPro 具有图像预处理、图像拼接、图像标定、几何校正、定位、OCV/ID、图像几何测量、结果分析等，可直接与包括模拟、IEEE 1394、千兆网等大多数相机相连，可直接输出检测结果，提供二次开发接口。更引人注目的是，其 QuickBuild 环境提供了更加高效、快速的编程界面，无需任何代码编程，只需拖拉操作就可以完成检测程序的设置，检测结果输出，可实现快速开发[73]。而 MV Tec 公司开发的 HALCON 是一套完善的、标准的机器视觉算法包，由一千多个各自独立的函数，以及底层的数据管理核心构成，拥有应用广泛的机器视觉集成开发环境。它包含了各类滤波、色彩以及几何、数学转换、形态学计算分析、校正、分类辨识、形状搜寻等基本的几何以及影像计算功能，并为百余种工业相机和图像采集卡等图像获取设备提供了接口，保证了硬件的独立性[74]。

为了实现机器视觉检测软件的可重构，从图像处理、图像分析以及图像理解这三个层次出发建立如图 2.8 所示的机器视觉检测系统软件可重构体系。

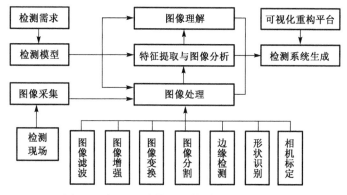

图 2.8　机器视觉检测软件系统可重构体系

　　机器视觉检测软件系统可重构按照图像处理与分析的层次也分为三个层次，第一层是图像处理算法的重构，主要实现图像滤波、图像增强、图像变换、图像分割、边缘检测、形状识别以及相机标定等图像处理功能，主要是基于图像的像素信息进行各种变换与运算。第二个层次是特征提取与图像分析层，该层主要完成从图像中提取各种特征，并从众多的特征集中选择能完成具体视觉检测任务的特征子集。第三个层次是检测模式的重构，针对某些具体的视觉检测应用，提炼出其通用的检测模式或模型，针对同类的视觉检测应用，只需要配置具体的参数就可以完成整个视觉系统的重构。三个重构层次依次提高，用户的使用配置更加方便快捷，不管哪一个层次的重构，都需要借助可视化重构平台来完成最后视觉检测系统的生成。

### 2.4.1　视觉检测算法的可重构

　　分析不同的视觉检测应用，发现视觉检测流程主要表现为数字图像数据在不同的图像处理环节之间的有序传递，不同的处理环节对应于不同的图像处理算法，针对不同的应用，这些算法呈现出一定的先后次序，上一个处理单元的输出是下一个处理环节的输入，各个环节组成为一个无反馈的串行系统。图 2.9 分别以导爆管和电子插接件为例给出了视觉检测算法的串行关系。

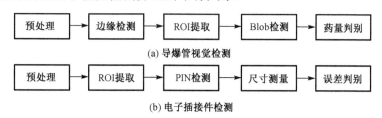

图 2.9　视觉检测系统软件算法流程

　　视觉算法重构是视觉检测系统软件的核心，针对不同的检测流程，选择所需的算法组件和与之对应的具体算法，并组装出所需的算法序列[75]。为了以有限的算法组件适应各种不同的视觉检测应用，其实现过程就是把该视觉检测问题分解为一个个能完成独立功能的算法组件，再把这些组件组合起来。若将这些具有独立功能的组件提取出来，同时再为每个功能组件配上丰富的图形化界面工具，用户便可通过简单的界面操作来完成算法组件的选取、配置和组合，从而完成视觉检测软件的用户定制，满足不同视觉检测任务的需求，解决相似的机器视觉问题[76]。

为实现组件化设计和用户定制，视觉检测软件可重构的设计思路如下：首先，分析各种视觉检测应用，归纳涉及的图像处理基本算法，并根据算法功能把它们划分为不同的功能模块，如图像增强模块、边缘检测模块等，并把它们封装成内置的视觉算法组件库，作为软件的预置组件。然后，利用图像算法之间的依赖关系及算法自身接口限制等特点，建立组件依赖关系库，以避免不合理的组件组合。最后，构建图形化操作界面，给各功能组件配置相应的图形工具，利用图形工具完成各个对应功能模块的调用、配置和组合，从而构建用户定制的视觉检测流程。其基于组件的视觉检测软件平台模型如图 2.10 所示。

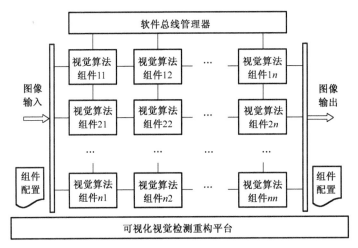

图 2.10　基于组件的视觉检测软件平台模型

由此可见，视觉检测重构包括以下四个内容：建立算法组件库、组件依赖性检测、组件配置以及组件装配。另外，为了完善算法组件库和满足一些特定业务环境的需求，重构系统应提供相应的算法库扩展接口，方便用户二次开发、添加所需的算法组件至重构系统的预置组件库中。图 2.11 给出了视觉检测软件的组件重构流程：从算法组件库中选择所需的算法组件，并对其进行依赖性检测，若满足其所需的依赖条件，则对组件进行配置；否则，重新选择算法组件。最后，对所选的所有算法组件进行装配组合，并完成用户视觉检测软件的定制。若需要新增功能模块，可通过组件库扩展接口导入。

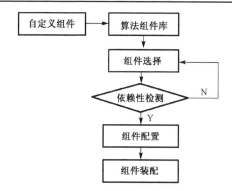

图 2.11　视觉检测软件的算法组件重构流程图

### 2.4.2　图像识别特征的可重构

在图像处理中，图像分割是实现模式识别的基础，是实现图像处理到分析的关键步骤。因此，在图像分割的基础上对目标进行特征提取和参数测量更便于高层次图像分析和理解。单纯以分割后的区域像素去做图像识别与匹配，通过在整幅图像中依次移动模板图像，每移动一个像素，便匹配一次，计算其与原图像的相似度，直到扫描整个图像并找出最大匹配值的图像位置。这种匹配方式受光照、噪声等外界因素影响较大，而且其数据维度太高，计算效率很低，匹配的准确度也不是很高。因此，采用层次较高的特征去进行目标的匹配与识别，这些特征会起到约束作用，使待处理的像素点大大减少，运算速度与识别精度也大大提高。

任何一类事物都具有众多性质，根据一群客体所共有的特性形成某一个概念，这些共同特性在心理上的反应，便形成了该事物的特征。一个理想的图像特征要尽可能地使得后续的分类器高效工作，既要保证所提取的特征维数低，又要反映该类事物的共同性同时具有区分性。区分性表示不同类别模式在特征空间的可分性，细节越多越能提高区分性，但降低了不变性，特征维数也越高。因此，特征提取与特征选择是从原始特征中找出最有效的特征，是后续图像识别与分析的基础，也是模式识别中重要而困难的环节。所谓有效性主要表现在同类样本的不变性，异类样本的鉴别性，并对噪声的鲁棒性。

图像特征按时域、频域、时频联合，主要有相关系数、FFT、DCT、小波、Gabor等变换域特征，统计特征主要有直方图、均值、方差、熵、属性-关系图，还包括颜色、形状、纹理、梯度、语义等。

针对不同的检测对象和视觉算法，把各种特征按照提取方式分为几大类，用户通过选择相应的特征和识别算法，实现对图像识别与分析流程的配置。

### 2.4.3　视觉检测系统的可视化设计

通过视觉算法与图像特征的重构，可以实现视觉检测系统软件的重构，其中的关键步骤就是生成视觉检测算法组件流程、识别算法参数配置以及图像识别特征选择等配置描述信息。为了方便用户的使用，借助可视化设计技术，把那个组件、特征以及相关关系表示为图形、接口和连线，从而实现组件的虚拟装配，把复杂、繁琐的配置过程变得直观、透明、快捷。

VisionPro 是基于视觉处理库 CVL(Cognex Vision Library)开发出的封装很好的视觉处理平台，以组态软件的形式出现，软件包含了多个界面友好的 Tools，用户可以方便地使用这些 Tools 来评估机器视觉系统的可行性、精度及处理速度。特别是 VisionPro 的 QuickBuild 提供了高效快速的可视化编程界面，能够迅速融合到用户程序中，图 2.12 给出了 VisionPro 的多目标定位的可视化设计例子。

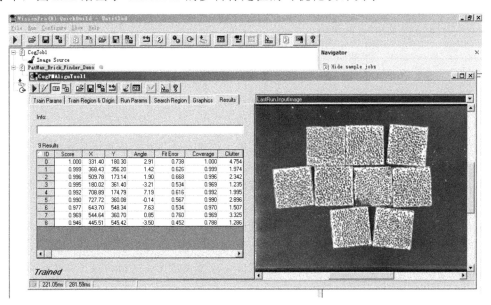

图 2.12　VisionPro 的多目标定位的可视化设计

另一个被广泛使用的机器视觉集成开发环境是德国 MVTec 公司的 HALCON，它包含了一套完善的、标准的机器视觉算法包。为了让使用者能在最短的时间开发出自己的视觉系统，HALCON 包含了一套交互式的程序设计界面 HDevelop，可在其中以 HALCON 程序代码直接撰写、修改、执行程序，并且可以查看计算过程中的所有变量，设计完成后，可以直接输出 C、C++、VB、C#等程序代码，套入到用户应用程序中。图 2.13 给出了 HDevelop 的可视化视觉程序开发界面。

可重构的视觉检测软件搭建通过在图像软件总线上挂接不同的视觉组件来实现，不同的组件需要通过统一的方式来描述，包括接口、数据类型、输入输出等，同时组件之间的连接关系也需要通过一致的方式来描述。各组件之间的结构化与层次关系可通过具有统一的符号集与描述规则的视觉检测软件脚本语言定义与描述，这些组件配置信息数据经过可视化的视觉检测平台解析后通过图形化的方式展现出来，用户可以方便地通过鼠标操作去增加、改变或删除这些图形化的组件及其连线关系，从而达到动态改变应用程序的视觉处理流程、视觉算法输入输出参数等目的，实现一目了然的软件可重构。其中涉及两个重要的层次：逻辑显示层和应用视图层。图 2.14 以导爆管的边缘检测为例给出了视觉检测重构的可视化设计示意图。

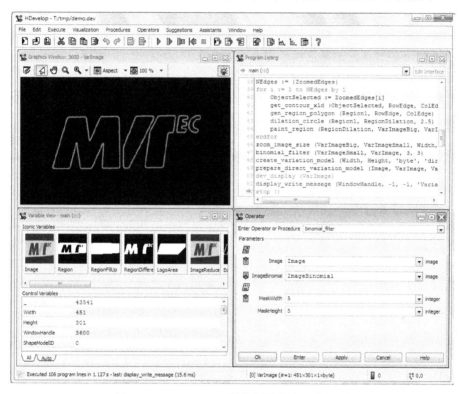

图 2.13　HDevelop 可视化视觉程序开发界面

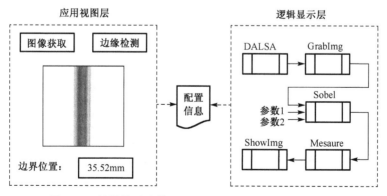

图 2.14　导爆管边缘检测视觉重构的可视化设计示意图

应用视图层为软件的人机界面，用于显示各种图像用户接口（Graphical User Interface，GUI）组件的布局，用于人机交互和用户对软件的控制、组件属性设置等重构操作。逻辑显示层用于建立所选组件的逻辑关系，配置组件的端口类型、输入输出参数等。以图 2.14 的导爆管为例，应用视图上显示"图像获取"与"边缘检测"两个按钮、一个图像显示窗口、一个"边界位置"检测数据文本框，其中按钮的动作、图像显示窗口与数据显示窗口的更新通过应用视图中配置每个组件的属性和动画连接来完成，并把这些 GUI 组件的相关信息保存在配置信息中。逻辑显示层主要配置应用视图层所设置的属性间的逻辑关系与处理流程，包括图像处理流程、算法参数设置等，也把这些逻辑处理信息保存于配置信息中。应用视图层中显示组件与逻辑显示层中算法组件的连接对应关系由配置信息中各层的组件属性与组件间的映射来建立。

## 2.5 可重构的层次结构与系统流程

可重构的视觉检测软件体系从下往上可以分为四个层次：系统层、设计层、运行层与管理层，其层次结构如图 2.15 所示。分布式的系统拓扑结构是实现一个开放式的硬件平台的基础，而可重构软件体系对于要对不同视觉厂家的硬件设备互联、不同规格产品的视觉检测、不同的质量评价标准以及客户检测界面的定制来说是重点。

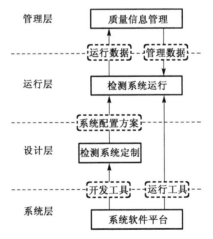

图 2.15 可重构视觉检测软件的层次结构图

其中，系统层包括的功能库有产品检测数据库服务器、视觉检测与评价系统的重构开发平台与运行平台、各种视觉采集设备与控制设备的硬件驱动以及图像识别类库等。系统设计层提供的系统工具包括硬件逻辑设备、图像分析过程和用户视觉检测界面的配置工具，以达到产品质量视觉检测系统的重组。运行层则加载设计层的系统配置方案，重建视觉检测客户端和服务器程序，并分布式运行在各视觉检测子系统和服务器上，互相沟通，并报告各自的视觉检测子系统识别的缺陷产品信息到视觉检测服务器。管理层负责所有质量信息的管理，包括质量综合评价和分类、缺陷信息、产品信息、知识库的管理以及信息查询、报表输出等功能。

### 2.5.1　可重构视觉检测系统模块划分

软件体系结构（Software Architecture）由 Edsger Dtikston 于 1968 年在描述一个操作系统时首次提出，并第一次给出了层次结构[77]。他指出：人们更应该关注软件系统是如何划分与组合的，而不是仅仅限制在编程上，这样才能使软件开发与维护更加容易，如 TCP/IP 网络协议的分层式体系结构、操作系统的微内核结构等研究，都显示出软件体系结构的重要性。

随着面向对象技术，尤其是分布式对象技术的蓬勃发展，国际上出现了组件对象模型（Component Object Model，COM）、COM+、EJB（Enterprise JavaBean）等组件技术和标准。在大型的、基于组件的分布式软件系统中，系统的复杂性控制是一个十分重要的问题。为了控制系统的复杂性，有助于软件系统的理解与复用，进一步解决软件危机问题，近年来国际上越来越重视软件体系结构的研究[78-79]，对软件体系结构的研究已从 Perry 和 Wolf、Garlan 和 Shaw 等萌芽工作进展到对软件体系结构风格的分类与评估，而且软件体系结构描述语言（Architecture Description Language，ADL）也相继出现，使软件体系结构的表示更加严谨，并支持基于体系结构的软件工程[80-82]。

软件体系结构主要研究软件系统的组织结构，组件间的联系、约束，以及指导组件设计和演化的原理和准则。它是对系统组成与系统结构较为抽象和宏观的描述，将研究的重点从代码行、数据结构以及算法转移到粗粒度的构架上。

Gerlan & Shaw 模型将软件体系结构抽象概括为

$$软件体系结构 = 组件 + 连接件 + 约束 \tag{2.4}$$

即

$$SA = \{Components，Connecters，Constraints\} \tag{2.5}$$

其中，组件是相关对象的集合，运行后实现某种计算逻辑。它或是结构相关，或是逻辑相关，可以独立地组装到同类型的体系结构中实现组件的重用。因此，组件的规范化和定制十分重要。

连接件是组件的粘合剂，也是一组对象，提供组件间的高层通信。它将不同的组件连接起来，形成体系结构的一部分，一般表现为框架式对象或转换式对象（引用远程组件资源），如分布式组件对象模型（Distributed Component Object Model，DCOM）远程过程调用中的存根（Stub）与代理（Proxy）对象。

约束是组件连接时的规则，指明组件连接的势态和条件，一般包括语义约束（Semantics Constraints）和拓扑约束（Topological Constraints）等。体系结构常见的拓扑结构有层次式（图 2.16(a)）、客户/服务器（图 2.16(b)）、烤面包式（图 2.16(c)）。

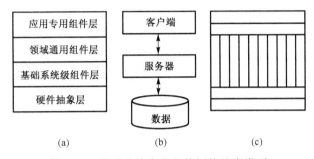

| 应用专用组件层 |
| :---: |
| 领域通用组件层 |
| 基础系统级组件层 |
| 硬件抽象层 |

(a)　　　　　　　　(b)　　　　　　　　(c)

图 2.16　体系结构中常见的拓扑约束类型

在软件行业，软件组件技术已经得到了比较广泛的应用，主要集中在软件的静态应用中。二进制代码和源代码的重用主要集中在系统的开发阶段，而当完成系统的建立后，就会装配和解析成一个固定的逻辑，这是一个紧耦合的系统行为。另外，传统软件开发采用软件组件技术的最终目标是最大化的重用代码，以最快的速度满足系统的特殊需求，在此过程中，对软件系统的可重构性和可扩展性考虑有所欠缺。

从目前的应用情况可以看出，当前软件组件技术考虑更多的是如何提高软件的可复用性以及加快开发速度，而忽略了系统的可扩充性。由于当前程序设计通常采用逻辑与实现相结合的方法，使系统实现逻辑扩充变得十分复杂。而要改变这种现状，需要进行系统的逻辑变换，通过组态的原理和思想，将系统逻辑和实现分开，建立组件化的可重构软件系统模型。另外，应用软件是由宏观的逻辑组态所连接的松耦合可重构系统，以提高系统逻辑的可重构性、灵活性以及可扩充性。

作为组件的设计与深化的原理与准则，软件的体系结构对系统的软件体系进行了抽象，用以进行软件整体结构规划，以及控制软件功能和计算元素的分配等设计问题，提供了在抽象层次上设计系统并实现系统功能的方法。以前的软件设计过程中，往往因为没有应用有效的工具辅助人们进行设计，软件体系建立往往是任意设计，没有固定的形式。导致开发出来的软件结构完全根据经验或者直觉，没有坚定的原则，这样使得软件结构设计无法进行一致和完整的分析。随着系统不断地深化，软件的体系结构也就无法保持并正常维护。

建立一种系统的宏观逻辑描述，可以描述系统的整个过程，以及确定系统中各组件间的相互关系，进而指导系统的正常工作。用户参与到系统的设计和逻辑描述中，可以有效地保证软件的系统功能与实际的应用需求一致。为了达到这一目的，基于工控领域的组态思想，提出由用户或该领域专家借助于组态工具来配置系统宏观描述的方法，包括业务逻辑组态、操作界面组态和数据库组态。通过这种方法，将抽象出的软件功能和软件组件相结合，将抽象的基本规则和系统流程相结合，实现系统的功能与整体流程的分离，以及其在应用方面的统一。

图 2.17 给出了一个视觉检测重构系统模型，其主要是由视觉检测重构平台、体系构架、组件集以及逻辑描述等组成。体系构架是实现系统的模板和蓝图，软件组件是构成系统的功能元素，系统逻辑描述实现最终用户从自身应用的宏观角度描述各个组件之间，以及组件与构架之间的逻辑联系。体系结构主要由两层、三层或者多层结构来实现，并能够适应分布式应用系统需求。软件组件能够将实现和接口分离开来，使得构建的内部配置隐蔽，其封装性更好地实现了各部分之间的相互逻辑关系。逻辑描述是用户借助于视觉检测重构平台的工具软件按照既定的软件体系结构对软件系统进行的重构配置描述。

该重构模型具有较强的灵活性以及适应性。逻辑描述的独立使得系统的逻辑功能可以通过修改系统流程来完善与扩展。由于组件间的独立性，可以通过内部功能的改善来满足或扩展系统功能的需求。最后，结构框架的独立，可以根据系统的不同要求以及规模的不同，对应用软件进行配置。

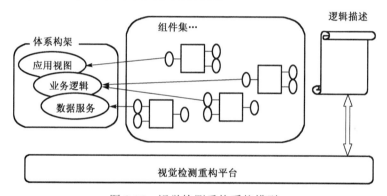

图 2.17　视觉检测重构系统模型

遵循以上重构模型与组件设计原则划分的软件模块数量不宜过多，也不能太少，模块与模块之间应尽量独立，模块接口应尽量简单。针对视觉检测软件的特点以及如上所述的可重构体系结构，将其划分为图形绘制模块、命令语言解释模块、通用图像获取模块、图像分析模块、网络通信模块、数据库访问模块、控制 I/O 模块等部分，各模块之间的关系如图 2.18 所示。

其中，系统开发环境又包括图形绘制模块、命令语言解释模块[83]，如图 2.19 所示。

系统运行环境主要由图形绘制模块、命令语言解释模块、网络通信模块、数据库访问模块、通用图像获取模块、图像分析模块、控制 I/O 模块等组成，如图 2.20 所示。

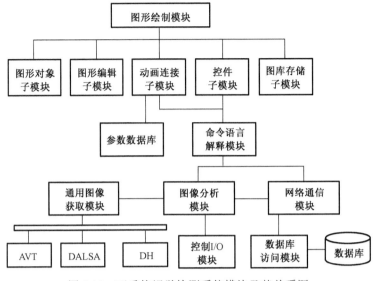

图 2.18 可重构视觉检测系统模块及其关系图

图 2.19 系统开发环境模块组成

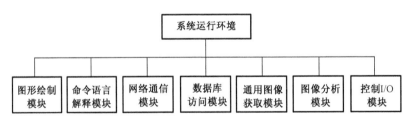

图 2.20 系统运行环境模块组成

系统配置方案主要包括网络通信模块、数据库访问模块、命令语言解释模块、通用图像获取模块、图像分析模块、控制 I/O 模块等相关的配置参数与信息，主要保存在配置管理数据库中。

### 2.5.2 基于软件芯片的视觉检测重构设计模式

基于软件芯片技术的软件重构设计方法将软件模块封装成不同型号的软件芯片，采用类似硬件设计所采用的芯片选择、芯片连接和系统调试的设计路线，进行软件系统的快速重构[84]。如图 2.21 所示，计算机系统通常以总线形式连接 CPU、存储器和各种 I/O 模块，从而有序地交换信息。其中不同型号的同类部件可相互更换，由总线控制器实现各模块间总线请求的仲裁。

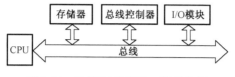

图 2.21　计算机系统的一般结构图

　　参考计算机的总线式结构模型，将机器视觉系统中的各功能模块进行封装，并采用数据总线在各功能模块之间传递数据，所设计的基于数据驱动的可重构视觉检测软件交互模型如图 2.22 所示，数据总线向功能模块输入数据以驱动功能模块运行，而功能模块从数据总线上获取输入数据，运行后再把输出数据输送到数据总线上去。这样，所有的功能模块之间没有相互调用关系，实现了完全的数据驱动功能。整个可重构机器视觉检测系统可设计成多个数据总线，并以数据总线为中心，实现各种类似的功能模块的类聚。如图像采集模块可包括多种相机、采集卡等异构的图像采集。

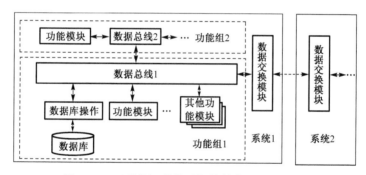

图 2.22　可重构视觉检测软件的数据驱动模型

　　图 2.22 中以不同的数据总线 1 和 2 分别设计了功能组 1 和 2，而每一个功能组中的功能模块的数量和类型可以改变，并相互替换，通过选择不同模块并设计模块中数据和数据总线上数据的对应关系，便可重构出功能不同的机器视觉检测系统。

　　在整个可重构机器视觉检测系统中，模块的封装以及模块间的交互接口是可重构的关键所在。在基于软件芯片的模块封装和重构方法中，每一个软件芯片完成特定功能，由芯片模板和适配器组成。其模型如图 2.23 所示，外部通过芯片的控制接口控制芯片的运行，由信息接口获取芯片的状态或属性，输入、输出接口实现数据的传输，适配器则在实现芯片实例化的时候对芯片的属性或参数进行配置，以调整芯片的功能。

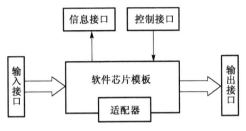

图 2.23　软件芯片的一般结构

可重构系统的核心设计包括操作系统层的重构平台和各种函数，其关键的实现技术是基于软件芯片的组件设计。软件芯片是一个用来完成特定功能且具有良好接口的自包含实体，可以分为功能芯片和数据总线两种，其中功能芯片主要用来实现图像处理、缓冲区管理等功能，数据总线主要用来实现各功能芯片之间的通信。

数据总线是特殊的软件芯片，主要负责功能芯片之间的数据传输和事务调度，但不具备数据处理功能。软件总线包括控制接口、数据接口和信息接口等软件芯片的通用接口，通过这些接口实现与外部环境的通信。其逻辑模型如图 2.24 所示。

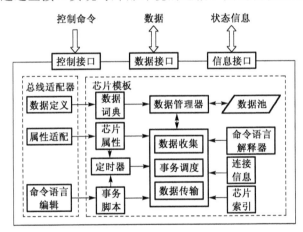

图 2.24　数据总线芯片模型

其中，总线适配器完成其属性配置、数据定义以及编辑事务调度脚本。根据数据定义所生成的数据词典将在数据总线的整个生命期间驻留于数据池中，数据则保存更新在该数据池中，以用于功能芯片间的数据交换。通过属性适配设置数据总线的有关属性，以动态改变数据总线的运行行为，如数据总线的名称和更新定时器的间隔等，而命令语言编辑定义数据总线的事务脚本。

功能芯片类似于硬件电路中的各种芯片，是把机器视觉软件中相似的功能抽象后设计的具有标准化接口的软件模块。其逻辑模型如图 2.25 所示，外部环境通过其控制接口控制功能芯片的运行，由功能芯片的信息接口获取芯片当前的运行模式与运行状态。功能芯片的数据接口包括输入接口和输出接口，分别实现功能芯片与外界的数据交换。

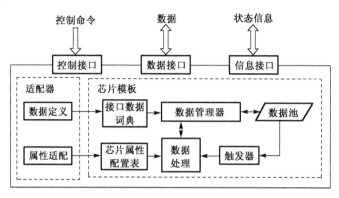

图 2.25　功能芯片模型

功能芯片适配器用于定义芯片属性及接口数据词典。借助属性适配设置芯片的有关属性，使芯片功能发生一定范围的改变以适应于特定的应用需求。在功能芯片模板中，一般只定义芯片运行所需的输入和输出参数的数目、类型，以及每个变量的具体说明。

软件芯片是可重用的且有标准接口的二进制代码构成的功能实体。软件芯片具有如下特点：

(1)具备独立软件单元，可单独开发与发布。

(2)有明确的接口定义。

(3)接口定义与功能实现分离。

(4)能够告知外界其内部的能力，诸如接口信息等。

按照功能独立、完整，内聚性大而耦合性小的原则，设计各类软件芯片组成软件芯片库，重构平台则从芯片库中按用户配置选取对应软件芯片，并借助各软件芯片的适配器实现其抽象接口到特定应用环境的映射，从而实现系统的可重构。机器视觉系统重构设计的主要任务包括两个方面：

(1)根据待检测产品的实际要求进行机器视觉检测交互方式的设计，得到待检测产品的图像采集描述和图像识别信息与反馈配置方案。

(2)进行机器视觉识别服务系统的图像处理与模式识别流程设计，得到机器视觉系统结构配置方案。

通常情况下，在机器视觉系统的设计阶段完成其组态和配置，系统运行时根据上述配置方案可以快速重构符合待检测产品实际要求的视觉检测系统，以识别待检产品的缺陷。如图 2.26 所示，机器视觉检测系统组态设计功能分为以下几步：系统数据组织、芯片选择与适配以及运行结构设计。

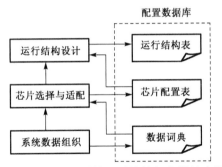

图 2.26　机器视觉检测系统的组态设计步骤

1) 系统数据组织

数据组织完成数据词典的定义。为了实现芯片适配，机器视觉检测系统根据数据词典配置其输入、输出接口的参数，包括输入图像和分析结果图像等。在视觉检测运行时，重构系统根据定义的数据词典生成记录变量的数据池缓冲区。数据组织具有两个任务：定义机器视觉检测系统能够获取的图像采集设备的图像数据和控制参数，即从相机、图像采集功能芯片获取的数据，称为原始图像；定义机器视觉系统中产生的中间变量和结果图像，称为图像分析变量。原始图像变量必须根据待检测产品采用的具体图像获取设备和配置参加进行定义，以获取相机和图像采集设备必需的设备控制参数和原始图像信息。图像分析变量根据机器视觉系统中图像处理和分析模块的输入/输出及它们之间的协调关系进行定义，即可以将多个芯片与某些中间变量和图像关联，从而实现相互的协调运行。

机器视觉检测重构系统中数据词典的数据项定义如下：

$$[变量名称；变量 ID；变量类型；变量描述；变量数值] \tag{2.6}$$

其中，变量名称按照用户的习惯对变量命名；变量 ID 为其在机器视觉检测系统中的唯一标志和索引；变量类型定义变量的数据类型，如图像、实数、整数、矩阵、字符串等；变量描述为对该变量的用法或者实际意义的说明和注释，以帮助用户正确使用该变量；变量数值是该变量的具体取值。

2) 芯片选择与适配

定制开发完成待选用的软件芯片并组成芯片库，用户可以依据芯片声明体查看各芯片的有关信息，并根据具体应用要求选择实际图像处理和视觉检测系统中需要的功能芯片和总线芯片。所有芯片在实例化前是一个模板，芯片中的某些属性需要在适配器中定义，之后才能使芯片适合具体视觉检测应用要求。由于软件芯片的数据输入、数据输出接口的抽象性，故在组成实际机器视觉检测系统之前必须将其接口数据与系统数据词典中定义的数据进行关联，即将接口与具体的图像、数据来源或数据目标进行连接，芯片才能实例化并正确运行，从而操作视觉检测系统数据以完成特定的功能。软件芯片选择与适配过程如图 2.27 所示。

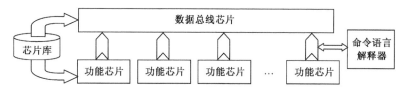

图 2.27　软件芯片选择与适配模型

经过芯片选择与适配后，芯片接口适配完成的变量组描述定义如下：

$$[\text{内部变量名称；外部变量 ID}] \tag{2.7}$$

其中，内部变量名称定义在芯片内部使用的变量名，如其对应变量为 A，从外部变量 ID 可以查询到数据词典中的一个变量 B。软件芯片运行时，如果接口为输入接口，则芯片会从外部变量 B 获取所需的内部变量 A 的值；如果为输出接口，则软件芯片将把内部变量 A 的值更新到外部变量 B。不同型号的图像采集和图像识别芯片适用于采用不同通信协议的采集设备和图像识别算法，用户在正确选择图像采集与处理功能芯片后，设置好功能芯片的通信方式、通信地址、算法流程等属性就可以与图像采集设备以及其他图像识别设备进行通信。但并不是所有图像采集设备的参数都需要定义，因此还要定义所需采集的图像、参数及其对应的设备寄存器(通道或项目名等)、采集频率等，即进行芯片输入接口变量适配，才能正确采集所需的图像数据。芯片输出接口数据的归宿也需进行定义，芯片运行时，结果数据才能根据配置到达适当的目的地。

3) 运行结构设计

在软件芯片适配过程中定义的软件芯片接口的关联数据描述中，外部变量 ID 仅为一个数据索引，从何处得到其对应的外部变量则没有定义。在进行系统运行结构设计时，需将各个软件芯片的接口进行虚拟连接，使各个软件芯片之间具有一定的逻辑关联，从而借助数据驱动达到相互协调的目的，组成一定形式的机器视觉检测系统。在某个机器视觉系统中可设计多类数据总线芯片和数据池芯片，并将其他功能芯片与数据总线、数据总线与数据池进行连接，从而组成不同的机器视觉检测运行子系统。进行芯片的虚拟连接时，将检查芯片接口之间的数据匹配关系，即相互关联接口的关联数据必须一致。运行结构设计完成后，便可得到芯片接口之间的连接关系。芯片接口数据变量组定义如下：

$$[\text{内部变量名称；外部变量 ID；连接芯片 ID}] \tag{2.8}$$

其中，增加了连接芯片 ID 的信息。在机器视觉检测系统运行时，可依据连接芯片 ID 查找到接口连接的芯片，则对应的外部变量可以由此芯片处得到，从而以外部变量 ID 为参数，调用所连接芯片的接口，获取或者输出图像处理结果与相关数据。

### 2.5.3　机器视觉检测系统运行重组方案

以软件芯片组件作为核心，利用重构工具软件和对系统逻辑的组态描述，就可以向用户快速开发出基于软件芯片的个性化视觉检测应用软件系统。其研发过程为面向软件产品族与面向个性化定制。根据特殊应用层面，获取有用信息，运用有关方面知识找出问题的解决方法，对产品的谱系结构进行探索，也就是完成面向软件产品族的设计开发。利用该方法完成了面向产品族结构框架和可重用组件的设计和建立，软件定制是以框架和结构为基础的，便于将来具体视觉检测应用系统的设计。根据实际要求，在新产品的开发过程中，利用现有组件，形成面向产品族的领域框架和组件，完成组态的配置以及部署，这样就可以快速完成满足用户特殊需求的应用程序，即完成面向用户定制的设计过程。

机器视觉检测系统重构与运行过程如图 2.28 所示[85]。机器视觉检测统运行时，视觉检测服务端首先调入系统服务端软件芯片配置表和数据词典，生成实际运行系统中的软件芯片和数据池数据缓冲区，并根据机器视觉系统运行结构配置文件中定义的关联信息，扫描软件芯片间的逻辑连接关系，完成实际图像采集设备和图像分析服务器的构建。图像采集设备和图像分析客户端在连接服务器，并被确认身份合法后，加载客户端的软件芯片配置表、客户端数据词典、客户端运行结构配置文件，以生成设备端的软件芯片、数据池及芯片逻辑连接关系，并通过图像采集芯片采集原始图像数据。然后，服务器和客户端不断进行实时图像采集和图像识别，以完成产品质量视觉检测。

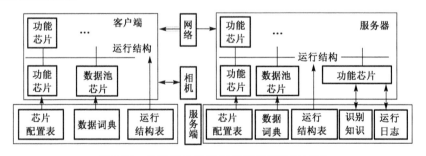

图 2.28　机器视觉检测系统重构与运行过程

机器视觉检测系统运行时，视觉检测系统内部各功能模块之间不发生直接的关系，它们只与数据总线进行直接连接。当图像检测设备监测到图像数据到达时，由于数据总线的输入发生改变，数据总线芯片将被激活运行。数据总线芯片根据系统芯片之间的逻辑连接关系和定义的图像处理流程，激活以这些改变了的数据为输入的子模块与其对应的软件芯片，被激活的子模块通过数据总线芯片从数据池中获取新的输入图像和数据，运行其内部的图像处理和识别功能，将识别结果通过与其输出接口连接的数据总线芯片输入数据池中，并激活此数据总线芯片，然后图像采集子模块重新进入停止态；被激活的数据总线芯片又将运行，如此循环直至整个机器视觉检测过程结束为止。

为了实现机器视觉系统的可重构，设计一个视觉检测系统的工程管理器(如图2.29 所示)，在确定其工程名与工程文件路径后，对视觉检测的相关参数进行配置。参数配置如下。

(1)图像变量和一般变量设置：添加变量，并确定变量类型等属性。

(2)图像采集设备的配置参数。

(3)图像处理与识别流程的配置参数。

(4)软件芯片的关联配置信息。

(5)检测系统网络配置：设置服务器、客户端信息，网络通信参数以及客户端心跳检测的时间间隔等。

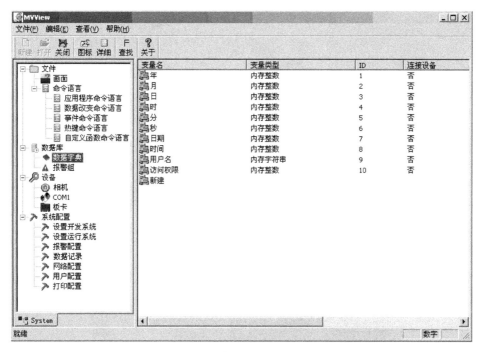

图 2.29  机器视觉检测重构系统的工程管理器

在视觉检测重构系统设计环境中，图 2.30 以数据总线软件芯片为例，给出了软件芯片的选择和适配过程，通过该对话框完成软件芯片所封装变量的名称、类型等定义，以及输入和输出数据以及更新周期等配置。

当用户依据视觉检测应用需求在系统设计环境中进行重构操作，如软件芯片的添加、删除、连接建立、连接删除以及功能芯片属性的更改等，数据总线软件芯片内部将记录其所连接的功能芯片的接口地址，并维护一个连接关系记录表，通过记录软件芯片的端口连接情况用来存储软件芯片的逻辑关系。数据总线软件芯片首先将用户的重构操作解释成软件芯片的配置更改和软件芯片连接逻辑关系的更改，然后通过软件芯片的属性接口重新配置软件芯片，通过修改连接关系表的内容改变软件芯片之间的逻辑关系，从而达到视觉检测程序的重构目的。

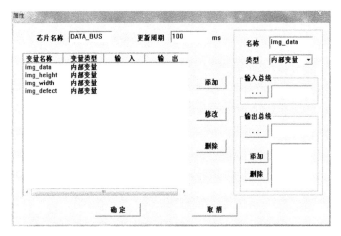

图 2.30　数据总线软件芯片选择与适配

当完成以上的数据总线芯片和功能芯片的选择和适配，重构了相应的视觉检测系统，便可通过启动服务器和客户端的运行环境，实现视觉检测系统的重构运行了。图 2.31 为服务端运行后会出现在 Windows 主窗口右下方的托盘区快照。

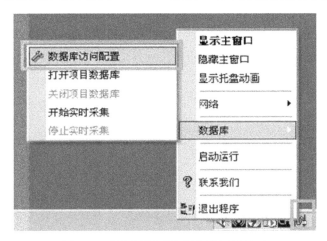

图 2.31　视觉检测系统服务端运行界面

# 第 3 章　视觉检测硬件系统重构

视觉检测系统的硬件主要包括图像采集装置、图像处理装置以及分布式网络系统设备等。分布式网络拓扑结构为视觉检测系统的扩展提供了快捷的解决方案，可以在视觉检测重构平台的设计环境中增加客户端、配置视觉检测服务器来实现。当前，机器视觉厂商与视觉设备繁多，而且采用的标准与软件接口各不相同，本章提出了一种异构硬件环境下图像获取通用模型，以实现对各种图像采集装置的透明使用。另外，为了满足视觉检测系统的实时性要求，采用 FPGA 实现图像处理算法的硬件级重构。

## 3.1　异构硬件环境下图像获取通用模型

目前，大量不同品牌的图形图像获取设备在各行各业都有广泛的应用。在这些数字图像获取设备的开发过程中，商家根据用户的不同需求量身定制不同的软件开发工具包。由于其通用性较差，且开发的程序兼容性差，不具有移植性，因此给用户的开发使用带来很大的不便。如果将系统中相应的模块设计得更加通用化、标准化，则该功能模块就无需重新设计，而是采用具有相同接口的、已经模块化的可重构组件替代。针对图像获取模块，为有利于实时快捷地加载相机驱动并采集图像，可将系统中用于与相机互联的模块设计为可重构模块，由通用图像获取模块在视觉检测系统程序启动时自动重新加载相机相关的驱动程序。

### 3.1.1　常用数字图像传输与获取标准比较

常用的数字图像传输标准有：Camera Link、GigE Vision、标准千兆以太网（Gigabit Ethernet）、IEEE 1394、USB 等，以下分别对各种图像传输标准予以分析。

1. Camera Link 标准

20 世纪 90 年代，美国国家半导体公司（National Semiconductor，NS）为了找到平板显示技术的解决方案，开发了基于低电压差分信号（Low Voltage Differential Signal，LVDS）物理层平台的 Channel Link 技术。LVDS 是一种低摆幅的差分信号技术，电压摆幅在 350mV 左右，具有扰动小、跳变速率快的特点，在无失传输介质里的理论最大传输速率为 1.923Gbit/s。Channel Link 由一个并转串信号发送驱动器和一个串转并信号接收器组成，其最高数据传输速率可达 2.38Gbit/s。数据发送器含有28 位的单端并行信号和 1 个单端时钟信号，将 28 位 CMOS/TTL 信号串行化处理后分成 4 路 LVDS 数据流，其 4 路串行数据流和 1 路发送 LVDS 时钟流在 5 路 LVDS 差分对中传输。接收器接收从 4 路 LVDS 数据流和 1 路 LVDS 时钟流中传来的数据和时钟信号恢复成 28 位的 CMOS/TTL 并行数据和与其相对应的同步时钟信号。此技术一诞生就被进行了扩展，用来作为新的通用视频数据传输技术使用。

Camera Link 技术标准是串行通信协议，设计用于点对点自动视觉应用。它基于 NS 的 Channel Link 标准发展而来，而 Channel Link 标准是一种多路并行传输接口标准。Camera Link 规范由国际自动成像协会（AIA）提供支持，对摄像机接口、电缆和抓帧器进行了标准化，用于转换摄像机数据，通常通过 PCITM 或者 PCI-E 总线将数据传送至计算机，适合于机器视觉系统和智能摄像机等应用。

Camera Link 标准规范了数字摄像机和图像采集卡之间的接口，采用了统一的物理接插件和线缆定义。只要是符合 Camera Link 标准的摄像机和图像采集卡就可以物理上互连。Camera Link 标准中还提供了一个双向的串行通信连接。图像采集卡和摄像机可以通过它进行通信，用户可以通过从图像采集卡发送相应的控制指令来完成摄像机的硬件参数设置和更改，方便用户以直接编程的方式控制摄像机。从 Camera Link 标准推出之日起，各个图像卡生产商就积极支持该标准。因此，LVDS 和 Channel Link 接口的硬件已经淡出了市场。

Camera Link 标准中包含 Base、Medium、Full 三个规范，但都使用统一的线缆和接插件。

（1）基本配置（Camera Link Base）使用 4 个数据通道、24 位像素数据以及 3 位视频同步数据来实现最大 255Mbit/s 的视频吞吐量，其结构如图 3.1 所示。

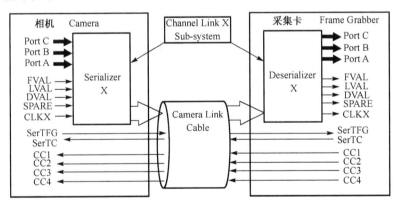

图 3.1　Camera Link Base 结构示意图

（2）中等配置（Camera Link Medium）增加了另外 24 位数据，使用 8 个数据通道实现最大 510Mbit/s 的视频吞吐量。

（3）全面和扩展配置（Camera Link Full）使用 12 位数据通道，使用 64 位或者更宽的数据，实现最大 680Mbit/s 或者更大的视频吞吐量。

2. GigE Vision

GigE Vision 是由国际自动成像协会发起并制定的一种基于千兆以太网的图像传输的标准。该标准具有传输距离长（无中继时 100m）、传输效率高并可向上升级到万兆网、通信控制方便、软硬件互换性强、可靠性高等优点。

GigE Vision 标准规定了通过千兆以太网直接连接相机和计算机，没必要连接帧采集器。从目前来看，该方法在某些时候比 Camera Link 要慢，但是 GigE Vision 有一个最大的优点就是相机与计算机的距离没有限制。因此，在恶劣的机器视觉应用环境下，只需要在现场保护好相机，计算机可以放在办公室，提高了系统的可靠性。而且，GigE Vision 标准委员会的主要成员都是国际知名的图像系统软硬件提供商，其作为未来数字图像领域的主要接口标准，必将被越来越多的商家采用。

GigE Vision 与标准千兆以太网相机相比，在硬件架构上除了对网卡的要求有微小区别之外，其他基本完全一样，但在底层的驱动软件上有所区别。它主要解决标准千兆以太网的两个问题：

（1）数据包小而导致的传输效率低。标准千兆网的数据包为 1440 字节，而 GigE Vision 采用所谓的"Jumbo Packet"，其最大数据包可达 16224 字节。

（2）CPU 占用率过高。标准千兆网采用 TCP/IP 协议，在部分使用直接内存存取（DMA）控制以提高传输效率的情况下，传输速度达到 82MB/s 时 CPU 占用率为 15%。GigE Vision 驱动采用 UDP/IP 协议，并采用完全的 DMA 控制，大大降低了 CPU 的占用率，在同等配置情况下可达到 108MB/s 时 CPU 占用率为 2%。

3. IEEE 1394 标准

IEEE 1394 总线是最初由苹果公司所提出的一种外部串行总线标准，被命名为 FireWire（火线），于 1995 年被美国电子电器工程师协会（IEEE）认定为 IEEE 1394 规范。作为一种数据传输的开放式技术标准，IEEE 1394 被应用在众多的领域，包括数码摄像机、高速外接硬盘、打印机和扫描仪等多种设备。标准的 1394 接口可以同时传送数字视频信号以及数字音频信号，相对于模拟视频接口，1394 技术在采集和回录过程中没有任何信号的损失，正是凭借这一优势，它更多地被用来当做视频采集卡。

IEEE 1394b 是 1394 技术的升级版本，是仅有的专门针对多媒体——视频、音频、控制及计算机而设计的家庭网络标准。它通过低成本、安全的 CAT5（五类）实现了高性能家庭网络。IEEE 1394a 自 1995 年就开始提供产品，IEEE 1394b 是 1394a 技术的向下兼容性扩展。IEEE 1394 总线具有如下特点：① 能提供 800Mbit/s 或更高的传输速度；② 支持点到点传输；③ 即插即用；④ 热插拔；⑤ 支持同步和异步数据传输方式；⑥可提供总线电源。

IEEE 1394 具有三层协议层，分别为：事务层、物理层、链路层。其中，事务层只支持异步传输，同步传输是由链路层提供。

IEEE 1394 继承了成熟的 SCSI 指令体系，因此传输的稳定度和效率都相当高。和 USB 2.0 相比，对于 CPU 的负担也较低。虽然 IEEE 1394a 理论上的传输速度最高值低于 USB 2.0，但实际上的传输速度胜过 USB 2.0。因此被广泛使用在各种需要高速稳定传输数据的接口上。

### 4. USB 标准

USB(Universal Serial Bus)，即通用串行总线，是一个外部总线标准，用于规范电脑与外部设备的连接和通信。USB 于 1994 年底由英特尔、康柏、IBM、Microsoft 等多家公司联合提出，是一种应用在 PC 领域的接口技术，支持设备的即插即用和热插拔功能。

USB 支持四种基本的数据传输模式：控制传输、同步传输、中断传输以及数据块传输。每种传输模式虽然使用相同名字的终端，但具有不同的性质。

(1)控制传输类型：支持外设与主机之间的控制、状态、配置等信息的传输，在外设与主机之间提供一个控制通道。每种外设都支持控制传输类型，方便主机与外设之间传送配置和命令/状态信息。

(2)同步传输类型：支持有周期性、有限的时延和带宽且数据传输速率不变的外设与主机间的数据传输。该类型无差错校验，故不能保证正确的数据传输，支持像计算机-电话集成系统(CTI)和音频系统与主机的数据传输。

(3)中断传输类型：支持鼠标和键盘等输入设备，这些设备与主机间数据传输量小，无周期性，但对响应时间敏感，要求马上响应。

(4)数据块传输类型：支持打印机、扫描仪、数码相机等外设，这些外设与主机间传输的数据量大，USB 在满足带宽的情况下才进行该类型的数据传输。

另外，图像获取标准主要有 TWAIN 与 SANE 标准等，下面分别进行比较分析。

### 1. TWAIN 标准

随着图像采集与处理得到广泛的使用，系统与图像处理软件的设计变得越来越重要。1992 年，为了解决图像处理问题，Aldus、Eastman Kodak、Adobe、HP 和 Logitech 等公司提出了一套 TWAIN 标准，这套标准随后得到了业界的广泛使用和认可[86]。该标准的产生和使用使得硬件厂商的图像获取设备具有较强的通用性，而软件工程师在开发图像处理软件时，只需基于 TWAIN 标准设立相应的接口就可实现图像数据的获取。

图 3.2 为 TWAIN 协议的组成，从图中可以看到 TWAIN 由应用程序、数据源管理器、数据源三个部分组成[87]。

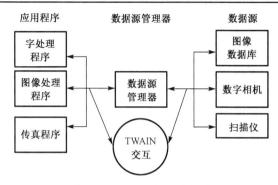

图 3.2　TWAIN 标准的组成

（1）应用程序（Application）。在开发应用程序时，需要按照 TWAIN 标准规范开发过程[88]。系统平台可以采用 Windows 或 Macintosh，这两种系统平台上的图形图像处理程序，都能够直接使用基于 TWAIN 标准开发的设备驱动程序。

（2）数据源管理器（Source Manager）。数据源管理器由 TWAIN 工作组直接提供。在 Windows 环境下的数据源管理器文件被命名为"TWAIN.DLL"。在选择设备类型，或者协调应用程序与数据源间信息交换及管理之间的通信时，都需要数据源管理器。

（3）数据源（Source）。数据源一般由硬件的生产商提供。生产商在设计数据源的时候，也是按照 TWAIN 标准来设计图像设备的底层驱动。

TWAIN 的基本结构分为应用层、协议层、获取层、设备层 4 个层次，其中协议层是 TWAIN 的主要内容[89-90]。

（1）应用层：应用层的设计由软件工程师设计，在这一层次主要指用户的应用软件。

（2）协议层：协议层是 TWAIN 标准的主要内容，包含三部分。第一部分是应用接口函数，在 TWAN 标准中定义了动态库函数如何调用 TWAN 的接口程序，如何完成对源程序的访问；第二部分是 TWAIN 的数据源管理器，负责协调应用程序与数据源之间的信息交换和通信管理；第三部分是数据源接口函数，它通常由硬件设备厂商实现。数据源通过此部分从数据源管理器接收指令并返回图像数据和状态码。

（3）获取层：在该层中，数据源将由应用程序或数据源管理器传来的指令通过调用设备层中的设备接口转换成硬件指令，并通过协议层的第三部分将图像数据传送回应用程序。它还提供用户界面以完成对设备操作参数的设定。当然，应用软件也可以提供自己的用户界面以控制数据源。

（4）设备层：该层为图像获取设备及其接口，图像获取设备既可以是实际的物理设备，也可以是逻辑设备。

**2. SANE 标准**

SANE（Scanner Access Now Easy）标准主要针对扫描仪和数码相机等光栅图像

的获取设备，是获取数字图像数据的标准应用接口程序[91]。在使用图像获取设备时，用户都希望通过简单的接口即可支持设备的所有特性。为了使应用程序和图像获取设备分离，SANE 分为三部分：前台程序、元驱动程序和后台程序，其关系如图 3.3 所示。① 前台(Frontend)程序，它相当于无限定位服务，与应用程序接口任务不完全相同；② 元驱动程序，主要协调前、后台程序的信息交换和通信管理；③ 后台(Backend)程序，它的作用是实现文档部分。

图 3.3　SANE 标准组成示意图

### 3. TWAIN 和 SANE 的比较

TWAIN 和 SANE 是两套不同的标准，为了更清楚地分析其差异，通过以下几个方面进行比较和类比。

1) 设备操作界面的实现机制

TWAIN 标准的应用系统采用图形化的窗口程序。大多数设备的软件操作界面都采用对话框形式，对话框中包含单选按钮、下拉框等各种控件，这些控件可以方便的让用户设定参数以获取图像。应用程序得到数据源的数据时，首先将程序主窗口的协议测试发给源用户，然后根据数据源要求出现相应的用户界面。位置界面出现后，应用程序接着传递待处理的消息任务给数据源。之后，用户的相关设定和用户定义的协议之间的位置就可以由源数据来处理。最终实现通用接收方法的操作。因此，这种实现方式的优点在于业务功能程序无须具体地了解设备的功能实现方式和表现形式，也无需了解设备功能之间的相互关系。

SANE 中定义了选项描述类型。选项描述类型是为了实现设备操作界面的一种数据类型，可以对应不同的功能参数。SANE 采用选项描述类型后，其实现机制就与 TWAIN 完全不同，其设备操作界面由设备的功能参数动态生成。首先，后台程序根据不同设备生成相应的数据，这些数据被前台程序通过接口函数调用，生成选项描述信息。前台程序通过 SANE 接口函数来获得相应设备的选项描述信息，从而动态生成用户界面。

2) 数据传输模式和传输图像数据的类型

在数据传输模式上，这两种标准也不相同。TWAIN 可以采用包括本地传输模式、磁盘文件传输模式和内存缓冲传输模式三种数据传输模式；而由于 SANE 要求设计过程简单实用，其仅仅采用了内存缓冲一种数据传输模式。

在传输图像数据的类型方面，TWAIN 标准也比 SANE 标准的功能更强大。

TWAIN 支持原始和压缩过的文件数据。设备驱动可以先把图像数据进行压缩处理，然后再传递到应用程序。由于数据经过压缩，数据容量更小，故客户端传输速度可以大幅提高。而目前的 SANE 标准中，建立的图像数据只能以传输协议形式传送[92]。因此，若图像获取设备具有压缩图像数据的功能，则该功能在 SANE 标准的系统中无法使用。

### 3.1.2　图像获取通用模型的设计目标

#### 1. 开发平台无关性

为了程序员可以灵活选择编程语言，所以在平台开发的时候要考虑到这一问题。对于不同的编程语言，其参数平台入栈次序不同，甚至同一个 SDK 接口在不同类型平台上调用也可能得到不同的结果。因此，图像获取通用性首先需要考虑开发平台的无关性。

传统的 SDK 输出接口函数以动态链接库（Dynamic Link Library，DLL）方式输出。这种输出方式的接口函数采用 C 语言风格，所以只有 C 或理解 C 调用规范的语言才能够使用 DLL 方式，使得 DLL 的使用范围受到极大的限制[93]。虽然 MFC 扩展 DLL 采用二进制共享机制，但其使用范围仅限于基于 MFC 开发的程序。为了满足不同语言与编译器的特性，SDK 需要提供统一的接口规范。

COM 组件模型具有语言不相关性的特点，具有通用二进制的接口规范，且其定义的二进制标准独立于任何编程语言，为应用程序、操作系统以及其他组件提供服务。Microsoft 的许多技术，如 ActiveX、DirectX 以及 OLE 等都是基于 COM 而建立的。遵循 COM 规范编写的库函数可以支持多种开发平台和开发语言，包括 Java、Delphi、VisualC++和 Visual Basic 等。

#### 2. 硬件平台无关性

不同的相机厂家生产的不同型号的相机和相应的图像数据采集卡都可以直接在该通用图像获取模型中使用。该通用图像获取模型能依据所选相机和采集卡的类型自动加载相应的驱动，并映射到通用接口上，具有自适应性。

#### 3. SDK 可扩展性

为了适应市场竞争需求，硬件厂商不断开发出新型的硬件，图像获取设备也在不断地更新，于是对通用图像获取程序提出了更高的要求，要求其能够尽可能地用于新发布的硬件设备，即向后兼容。传统 SDK 的设计者常常针对不同的硬件设备，设计新的 SDK 模板，并采用数据递增的版本号来控制新发布的库函数接口，以便适应用户的应用程序[94]。这种方法相对复杂，而且设计、维护相对困难，用户的应用程序难以移植与升级。当新版本发布后，用户之前开发的应用程序将不能在新的SDK 上运行，必须在新的 SDK 上重新编写和编译其应用程序，非常不利于用户应用程序的维护。

因此，需采用一种新的面向对象的思想来提高 SDK 的可扩展性。对图像获取设备而言，无论设备外形特征、技术参数如何改变，无论是什么厂家的何种型号的设备，有些操作都是共同的，而且在具体的处理方式上几乎没有太大变化，如对寄存器的读取、内存管理、地址访问[95]等。如果采用面向对象和组件设计思想，就可以把这些公共的操作进行分析和归纳，抽象成一个"基类"。在设计新设备的 SDK 时，从 SDK 代码的可复用性着手，只需要重载父类中的接口与数据，就可在实现这些公共操作的同时加入各自特有的处理。而且，只需改变这些组件的实现逻辑并保持接口不变，以前的客户程序完全可以不用改变就能够使用设备的新增服务。

4. SDK 易用性

SDK 要得到更广泛的运用，就要求充分了解类的设计思想与方法、软件工程师的编程风格与设计模式。为了增加 SDK 的易用性，可以从以下两个方面来考虑。

（1）方法的分类实现。接口是一组逻辑上相关的函数集合，由内部操作分离出外部调用方法，使其内部实现的修改不会影响外面其他组件或程序与其交互的方式。接口中可以声明属性、方法、事件和类型，但不能设置这些成员的具体值。方法的分类可以通过对象的定义来实现：一个对象是一个功能的集合，而接口则对这些功能进行抽象，只要完成对象的定义就能对其进行分类。

（2）服务的设计分层。各设备应用程序可能具有修改控件数据的功能。对这些任务添加属性后，其可在程序进程中独立的运行。用户通过属性对话框配置好属性后，开启任务并传递相应参数，然后借助控件与用户实现交互。为了满足用户的特定需求，SDK 同时提供对所有简单底层函数的完全支持，方便用户程序根据实际需求调用，以形成功能不同的应用[96]。

5. 接口开放性

便于扩展不同的硬件设备，包括各个厂家生产的不同类型的采集卡、相机等。只要选择支持相应标准的图像采集设备就可以实现设备之间的互连与互换。

### 3.1.3　硬件无关的图像获取通用模型

当前，图像获取程序的开发一般借助于图像采集卡或相机提供的驱动与 SDK，根据图像采集的流程，依次调用相应的 API 来实现图像的获取，一般的流程如图 3.4 所示。

参数设置主要包括所需获取图像的大小、颜色、曝光时间、采集频率、触发方式、连续采集还是触发模式等，这次参数的类型与配置的方式会随着不同厂家的设备有所不同，但大多提供了响应的参数设置 API。在图像获取过程中，另一个较大的不同就是获取方式，连续模式一般由相机内部或者外面的周期信号触发相机成像，而触发模式主要由外部的控制信号来同步相机的图像获取。获取后的图像根据是否带预览显示又可分为预览模式与不预览模式。

不管图像获取设备（相机与采集卡）采用如 Camera Link、IEEE 1394、USB、GiE Vision 等标准中的哪一种，实现图像获取与传输的驱动、SDK 等采用 TWAIN 和 SANE 等标准中的哪一种，硬件无关的图像获取通用模型采用代理层屏蔽不同的硬件获取设备及其驱动，使用户对图像采集设备的使用完全透明。图 3.5 给出了硬件无关的图像获取通用模型结构。

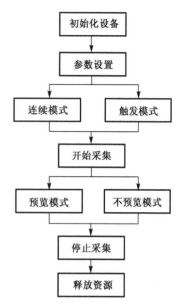

图 3.4　图像采集的一般流程

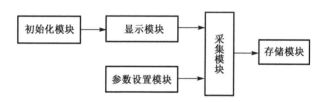

图 3.5　图像获取通用模型结构

初始化模块的工作内容如下。

(1) 依据显示参数，创建视频窗口。

(2) 查找图像采集设备及其驱动。

(3) 建立图像采集设备句柄与视频窗口的连接。

(4) 相关初始化参数的设置。

显示模块的工作内容如下。

(1) 对图像采集设备传入的图像进行预览。

(2) 提供放大或缩小的视图显示。

参数设置模块的工作内容如下。

(1) 图像来源、采集的帧率、图像压缩格式以及采集时间等参数设置。

(2) 参数的数据格式与数据结构设计。

(3) 参数的保存与更新技术。

采集模块的工作内容如下。

(1)单帧触发采集。

(2)连续采集。

存储模块的工作内容如下。

(1)所采集图像、视频的文件保存功能。

(2)所保存图像、视频文件的打开功能。

# 3.2　通用图像获取 SDK 设计

通过分析归纳，把图像获取的功能划分为初始化、参数设置、图像采集控制、图像存储、辅助功能等，采用面向对象方法设计这些接口函数与 SDK，并采用抽象类定义获取接口。

## 3.2.1　通用图像获取函数定义

首先，对图像获取信息进行归纳，并封装在 CapInfoStruct 结构体中，以方便每个接口函数的调用。该结构体定义如下：

```
struct CapInfoStruct
{
    unsigned char *m_pBuffer;
    unsigned long m_nHeight;
    unsigned long m_nWidth;
    unsigned long m_nHoriOffset;
    unsigned long m_nVertOffset;
    unsigned long m_nExposure;
    unsigned char m_cGain[3];
    unsigned char m_cControl;
    unsigned char m_cReserved[8];
};
```

其中，m_pBuffer 为指向所获取的原始图像数据的指针；m_nHeight 为图像捕获窗口的高度；m_nWidth 为图像捕获窗口的宽度；m_nHoriOffset 为图像捕获窗口中的水平偏移量；m_nVertOffset 为图像捕获窗口中的垂直偏移量；m_nExposure 为曝光时间，单位为 ms；m_cGain 表示增益，它是一个包含三个元素的数组，分别代表红色增益、绿色增益、蓝色增益；m_cControl 用于接受命令参数。m_cControl 最低位(bit0)用于控制闪光灯，0 表示不触发闪光灯，1 表示触发闪光灯；bit2 与 bit1 组合用于控制灵敏度模式，00 表示低噪声，01 表示正常模式，10 为高灵敏度模式；

bit4 与 bit3 组合用于控制硬件抽点模式，00 表示无抽点，01 表示 4×4 抽点，11 表示 2×2 抽点。另外，m_cReserved[8]为保留字段，用于设置显示方式等。

SDK 函数按照功能类型可划分为 5 类，包括初始化函数、设置函数、获取函数、存储函数和扩展函数，以下分别予以介绍。

1. 初始化函数

主要初始化函数如表 3.1 所示。

表 3.1　初始化函数列表

| 函　数　名 | 功　　能 |
|---|---|
| CAMERA_Init | 初始化相机，返回相机句柄 |
| CAMERA_Start | 创建预览窗口 |
| CAMERA_Pause | 暂停相机预览 |
| CAMERA_Stop | 终止相机预览，销毁预览窗口 |

（1）CAMERA_Init。

原型：int CAMERA_Init（LPCSTR pFilterName, int *nIndex, CapInfoStruct *pCapInfo, HANDLE *hGrabber）。

该函数实现图像采集设备的初始化，查找、打开设备，并返回设备句柄，该句柄用于后续的 API 函数调用。此函数必须在调用所有其他与图像获取相关的函数之前被调用，否则将不会显示图像。

（2）CAMERA_Start。

原型：int CAMERA_Start（HANDLE hGrabber, LPSTR strTitle, DWORD dwStyle, DWORD dwX, DWORD dwY, DWORD dwWidth, DWORD dwHeight, HWND hwdParent, DWORD dwId, int nViewDataThreadPriority, int nViewDrawThreadPriority）。

如果当前没有预览窗口，该函数将创建一个预览窗口并开始预览。如果当前预览暂停，调用此函数将继续预览。参数 hGrabber 就是 CAMERA_Init 所返回的相机句柄。

（3）CAMERA_Pause。

原型：int CAMERA_Pause（HANDLE hGrabber, DWORD dwPause）。

该函数可暂停、重新开始视频显示。必须保证预览窗口运行，在调用此函数之前必须调用 CAMERA_Start 函数。

（4）CAMERA_Stop。

原型：int CAMERA_Stop（HANDLE hGrabber）。

该函数停止视频显示并关闭预览窗口。在程序结束前要保证视频关闭。如需要重新开始预览，调用 CAMERA_Start 函数。

2. 设置函数

主要相机参数设置函数如表 3.2 所示。

表 3.2　相机参数设置函数列表

| 函 数 名 | 功 能 |
|---|---|
| CAMERA_SetGamma | 设置 Gamma 表 |
| CAMERA_SetBw | 设置为黑白方式显示图像 |
| CAMERA_SetFrameRate | 设置当前图像帧频信息 |
| CAMERA_SetViewWin | 调整预览窗口尺寸 |
| CAMERA_ResetViewWin | 重置预览窗口 |
| CAMERA_SetCapInfo | 设置 CapInfoStruct 结构 |

（1）CAMERA_SetGamma。

原型：int CAMERA_SetGamma（HANDLE hGrabber, BYTE *pGamma, BOOL bGamma）。

该函数用于加载 Gamma 表，进行颜色校正处理。主要使用查找表来校正图像来适应不同的需要，但 Gamma 校正将降低预览速度。

（2）CAMERA_SetBw。

原型：int CAMERA_SetBw（HANDLE hGrabber, BOOL bBw）。

该函数将视频设置为黑白显示模式。

（3）CAMERA_SetFrameRate。

原型：int CAMERA_SetFrameRate（HANDLE hGrabber, float fFrameRate）。

该函数设置当前视频流的帧频。预览窗口必须接受视频流，此函数才能正常工作。当帧频为 0 时，预览暂停。

（4）CAMERA_SetViewWin。

原型：int CAMERA_SetViewWin（HANDLE hGrabber, RECT *pClientRect）。

该函数设置预览窗口的大小。当捕获窗口小于预览窗口时，显示为放大的视频；当捕获窗口大于预览窗口时，显示为缩小的视频；当捕获窗口等于预览窗口时，显示的是实际捕获的视频。调用此函数时，要保证预览窗口正在运行，必须在此函数之前调用 CAMERA_Start 函数。

（5）CAMERA_ResetViewWin。

原型：int CAMERA_ResetViewWin（HANDLE hGrabber）。

该函数使缩放视频显示模式回到原始视频模式。

（6）CAMERA_SetCapInfo。

原型：int CAMERA_SetCapInfo（HANDLE hGrabber, struct CapInfoStruct pCapInfo）。

该函数设置当前视频的 CapInfoStruct 结构。当改变捕捉窗口大小，即给 CapInfoStruct 结构中的 m_nWidth 与 m_nHeight 成员赋值时，调用此函数，同时 CapInfoStruct 中的其他成员数据同时生效。

3．获取函数

相机获取图像的控制函数如表 3.3 所示。

表 3.3　相机获取控制函数列表

| 函　数　名 | 功　　能 |
| --- | --- |
| CAMERA_SavePausedFrameAsBmp | 保存当前帧图像 |
| CAMERA_GetRawData | 获取当前原始图像数据 |
| CAMERA_GetRgbData | 获取当前 RGB 图像数据 |
| CAMERA_GetPausedRgbData | 获取暂停后当前 RGB 图像数据 |

（1）CAMERA_SavePausedFrameAsBmp。

原型：int CAMERA_SavePausedFrameAsBmp （HANDLE hGrabber, LPCTSTR strFileName）。

该函数保存暂停的图像。调用此函数之前，要确保视频暂停。

（2）CAMERA_GetRawData。

原型：int CAMERA_GetRawData （HANDLE hGrabber, Struct CapInfoStruct CapInfo）。

该函数用于获取原始图像数据。

（3）CAMERA_GetRgbData。

原型：int CAMERA_GetRgbData （HANDLE hGrabber, struct CapInfoStruct *pCapInfo, BYTE *pDest）。

该函数用于获取一帧图像数据。

（4）CAMERA_GetPausedRgbData。

原型：int CAMERA_GetPausedRgbData （HANDLE hGrabber, BYTE *pDest）。

该函数用于获取最近一次暂停的那帧图像数据。

4．存储函数

相机所采集图像的存储函数如表 3.4 所示。

表 3.4　图像存储函数列表

| 函　数　名 | 功　　能 |
| --- | --- |
| CAMERA_ConvertRawToRgb | 将原始图像数据转化为 RGB 数据 |
| CAMERA_SaveFrameAsBmp | 将当前帧保存为 BMP 格式图像文件 |

（1）CAMERA_ConvertRawToRgb。

原型：int CAMERA_ConvertRawToRgb（BYTE *pSrc，DWORD dwWidth，DWORD dwHeight，BYTE *pDest）。

该函数用于将原始图像数据转换为 RGB 数据格式并存放在指定内存中。在调用此函数之前，应对 pDst 分配内存，并且调用 CAMERA_GetRawData 得到原始图像数据。

（2）CAMERA_SaveFrameAsBmp。

原型：int CAMERA_SaveFrameAsBmp（HANDLE hGrabber，struct CapInfoStruct *pCapInfo，BYTE *pDest，LPSTR FileName）。

该函数在获取一帧图像的同时，存为指定的 BMP 格式图像文件。调用此函数之前，视频显示已经关闭。

5. 辅助函数

相机图像采集涉及的主要辅助函数如表 3.5 所示。

表 3.5　主要辅助函数列表

| 函　数　名 | 功　　能 |
| --- | --- |
| CAMERA_AutoExposure | 设置自动曝光模式 |
| CAMERA_AutoFlash | 设置闪光灯自动模式 |
| CAMERA_ SetAECallBackFunc | 设置自动曝光回调函数 |
| CAMERA_ SetTriggerCallBack | 设置外触发回调函数 |
| CAMERA_DetectNoisePixel | 检测图像中的噪声 |

（1）CAMERA_AutoExposure。

原型：int CAMERA_AutoExposure（HANDLE hGrabber，BOOL bAdjustExp，BYTE btTarget，LPVOID lpFune，DWORD *pParam）。

该函数自动调节曝光时间。当自动调节结束后，将调用 lpFune 所指向的回调函数，该回调函数一般用于更新用户界面。

（2）CAMERA_AutoFlash。

原型：int CAMERA_AutoFlash（HANDLE hGrabber，CapInfostruct *pCapInfo，BYTE *pRGBData）。

该函数进行闪光灯自动拍照。

（3）CAMERA_SetAECallBackFunc。

原型：int CAMERA_SetAECallBackFunc（HANDLE hGrabber，BYTE btAETarget，LPVOID lpFunc，DWORD *pParam）。

该函数执行自动曝光操作，并调用回调函数。当执行自动曝光操作结束后，将参数 pParam 传递给回调函数，lpFunc 所指向的回调函数将更新用户界面。

（4）CAMERA_SetTriggerCallBack。

原型：int CAMERA_SetTriggerCallBack（HANDLE hGrabber，LPVOID lpTrigger，LPVOID lpUser）。

该函数设置接收到外触发信号的回调函数。回调函数的第一个参数指针所指的内容就是外触发信号的状态，0 表示低电平、1 表示高电平。

（5）CAMERA_DetectNoisePixel。

原型：int CAMERA_DetectNoisePixel（HANDLE hGrabber）。

该函数用于检测噪点，具体方法为：在调用该函数之前，将镜头光圈放到最小，调用了该函数之后，才可以调用 CAMERA_RemoveNoisePixel 函数来删除噪点。但每次调用 CAMERA_SetCapInfo 函数之后，噪声检测结果将无效，需重新调用该函数进行检测。

以上列举的这些只是基本函数，整个 SDK 函数库的设计十分庞大，而且需要不断扩充，以期实现更多功能。

### 3.2.2　图像获取抽象类设计

在 C++中，若一个类含有纯虚函数，那么这个类将被称为抽象类。本模块中将设计一个抽象类，同时遵循接口最小化和信息最大化原则设计该类包含的成员函数。在图像检测系统中，由于相机驱动类型繁多，设计了一个抽象类 CCameraAcq 来表示所有相机的驱动。同时，创建若干子类 CCamX 来加载不同相机的驱动程序。

在构建软件系统时，如果将所有驱动模块的源代码都静态编译到整个应用程序的 EXE 文件中，会增加程序文件的大小以及软件更新的复杂度。为了避免上述问题，CCameraAcq 的设计使用动态链接库编程。CCameraAcq 的设计过程如下：

在 Visual C++下，新建一个 MFC 扩展动态链接库工程，命名为 CameraAcq。在工程中，新建一个一般类 CCameraAcq，CCameraAcq 包含 5 个纯虚函数。

```
class CCameraAcq
{
public:
    virtual bool InitCam()=0;
    virtual bool SnapImage()=0;
    virtual bool FreezeImage()=0;
    virtual void SetProcCallBack(LPVOID lpCallBackFunction,
            LPVOID lpUser)=0;
    virtual bool CloseCam()=0;
    virtual ~CCameraAcq ();
};
```

　　其中，InitCam()实现相机初始化与连接；CloseCam()负责关闭相机；SnapImage()实现图像采集；FreezeImage()暂停捕捉图像；SetProcCallBack()用来设置图像处理回调函数，lpCallBackFunction 为图像处理回调函数的地址，lpUser 为传递到图像处理回调函数的参数。

　　为了实现图像获取模块与图像处理模块的交互，按调用方式的不同，常分为同步调用、回调和异步调用三类，如图 3.6 所示。同步调用是一种阻塞式调用，图像获取模块采集到一幅图像后，调用图像处理模块处理获取的图像，而图像获取模块必须要一直等待图像处理模块处理完这幅图像后，才能再获取下一幅图像。回调是一种双向调用模式，图像处理模块在接口被图像获取模块调用时也会调用图像获取模块的接口。异步调用是一种类似消息或事件的机制，但它的调用方向刚好相反，接口的服务在收到指定消息或发生指定事件时，会主动通知客户方(即调用客户方的接口)。回调和异步调用的关系非常密切，通常使用回调来实现异步消息的注册，通过异步调用来实现消息的通知。同步调用是三者中最简单的，但是很难满足视觉检测系统的实时性。因此，在图像获取类设计时采用回调函数与异步调用两种方式来实现。

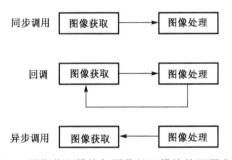

图 3.6　图像获取模块与图像处理模块的调用方式

　　在面向对象的语言中，回调通过接口或抽象类来实现，实现这种接口的类称为回调类，回调类的对象称为回调对象。另外，Windows 平台的消息机制也可以看作一种回调的应用，可以在图像获取模块获取完一幅图像后，发送对应的消息给图像处理模块的窗口，图像处理模块收到消息后就去处理该幅图像，而图像获取模块发完消息后便可以马上开启另一幅图像的获取过程，防止图像采集过程中的帧丢失。

### 3.2.3　图像获取子类设计实例

　　在图像获取抽象类的基础上，针对不同的图像采集设备设计对应的子类，每个子类采用动态链接库技术封装对应的图像采集设备的驱动，当重构配置中选择了该图像采集设备时，运行系统才加载对应图像采集设备的驱动。

　　以 DALSA 相机驱动为例，设计类 CCamDalsa 来加载 DALSA 驱动程序 SapClass.dll，并完成抽象类中对应接口的封装。子类 CCamDalsa 的结构如下：

```
class CCamDalsa: public CCameraAcq
{
public:
    bool InitCam();
    bool SnapImage();
    bool FreezeImage();
    void SetProcCallBack(LPVOID lpCallBackFunction, LPVOID lpUser);
    bool CloseCam();
    CCamDalsa();
    virtual ~ CCamDalsa();
};
```

CCamDalsa 类中包含了 7 个函数,除了构造函数与析构函数之外的 5 个函数主要实现 DALSA 驱动程序的相关功能。在其构造函数中调用 LoadLibrary()加载驱动 DalsaSap.dll,其析构函数调用 FreeLibrary()卸载驱动。以 SnapImage()为例,介绍其实现过程如下:首先添加 DALSA 的 DLL 驱动和头文件到工程目录下,然后在函数体内加载并获取函数指针,接着以函数指针调用相应的函数功能,最后释放句柄。其实现关键代码如下:

```
bool CCamDalsa: : SnapImage()
{
    typedef bool (*pOpen)();
    pOpen fopen;
    fopen=(pOpen) GetProcAddress(hDll, "Open");
    (fopen);
    return TRUE;
}
```

## 3.3　图像获取接口的组态设计

按照以上方法设计出多个相机子类,把这些驱动相关的动态链接库组织成为一个图像获取驱动库。重构平台的设计环境根据参数配置构造指定的子类,加载对应的驱动,最终实现可重构的图像获取[97-99]。以下将介绍图像获取接口与可重构体系的交互方式,并给出一个视觉内存池设计方法以解决图像获取接口频繁的图像缓冲区分配导致的性能低下问题。

### 3.3.1　图像获取接口与可重构体系交互方式

由于图像获取接口类是在动态链接库的工程中构建的,所以在使用接口类之前,需要先加载 CameraAcq.dll、CameraAcq.h、SapClass.dll、CamDalsa.h 等文件。根据相机参数配置文件，主程序可以解析出相机的类型。以 DalsaCamParas.ccf 为例，主程序可以创建抽象类 CCameraAcq 的指针，然后分配 CCamDalsa 类型的内存空间。代码如下：

```
CCameraAcq *p=new CCamDalsa;
```

这样，p 就可以调用 CCamDalsa 的成员函数 InitCam()、SnapImage()、FreezeImage()、SetProcCallBack()和 CloseCam()。

图像获取接口的重构过程如图 3.7 所示。

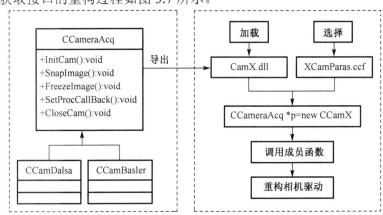

图 3.7　图像获取接口重构过程

在图像检测系统中，相机驱动的准确加载是保证检测系统正常运行的关键一步。可重构图像获取模块包含 DALSA、BASLER 等多种相机的驱动，预留的外部接口为 InitCam()、SnapImage()、FreezeImage()和 CloseCam()，该模块与图像分析模块具有相同的接口，使用简单，适应性强。

### 3.3.2　图像获取类实例分析

不同的相机自带有不同的调试软件，通过这些调试软件可以对相机进行调试，并保存设定参数到文件夹中。例如 DALSA 相机使用的是 CamExpert，BASLER 相机使用的是 Pylon。现以 DALSA 相机为例，介绍其主要参数的配置过程。首先，根据扫描宽度选择要激活的像素值，抓拍完整的图像。其次，修改图像窗口左右偏移像素个数，减少图像两边的黑色区域。然后，选择相机外触发方式。最后，保存设置参数到 DalsaCamParas.ccf 文件中。

对于每一种图像获取设备，可以利用其自带的调试工具软件对相机进行调试，找到最佳参数，并将最终设置好的参数保存下来。同样以 DALSA 相机为例介绍整个参数的配置过程，如图 3.8 所示。

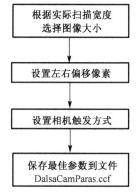

图 3.8　图像获取接口参数的配置过程

在视觉检测软件启动的时候，选择需要加载到主程序的参数配置文件。配置文件选择界面如图 3.9 所示。

图 3.9　配置文件选择

### 3.3.3　图像获取内存预分配策略

图像获取丢帧率、图像处理速度和识别准确率是衡量视觉检测系统的主要性能指标。而且，这三个性能指标相互影响、相互制约。图像处理速度越慢，丢帧率就越高；图像丢帧率越高，可能导致包含产品缺陷的图像帧丢失，从而影响系统图像识别的准确性；而系统识别算法的准确性又往往与其处理速度相矛盾，提高图像识别算法的准确率可能导致图像处理速度变慢。为了达到三者之间的平衡，获得较好的综合性能，可在选取合适图像识别算法的同时，优化视觉检测系统的数据结构和处理流程，尽量提高系统处理速度。尤其是在内存管理方面，保存图像的内存块既数量多、容量大，又创建、销毁频繁，而且，图像获取线程和图像识别线程所共享的内存块必须提供同步与互斥机制。因此，视觉检测系统采用内存预分配策略来实现内存的管理与共享[100]。

当图像获取模块获取到图像数据后，如果临时申请内存块以保存该图像数据，并直到图像处理模块处理完该图像后才释放该内存块。那么，大量的、频繁的图像数据的到来会使得系统频繁地申请和释放内存。因为内存的申请、释放涉及内核调用，频繁的内存申请和释放将导致系统在内核态和用户态之间频繁切换，这样不仅会降低整个系统效率，使得视觉检测系统处理性能低下；而且会产生大量的内存碎片，使得之后的内存申请失败。

为了避免以上问题的产生，并对该视觉检测系统所需的内存实现统一管理，减少因内存分配带来的对图像分析处理过程的频繁中断，采取预分配内存块的策略，并由一个专门的类统一管理这些预先分配的内存块。当视觉检测软件启动后，首先根据配置文件中设置的预分配内存块大小 $n$ 和内存块个数 $m$，集中分配 $m$ 个大小为 $n$ 的内存块；如果没有设置则默认分配 200 个指定图像大小的内存块。然后，假释放这些内存块组成为一个如图 3.10 所示的内存块链表。其中，每个内存块中前 4 字节为指向下一个节点的指针，之后为保存图像数据的缓冲区。

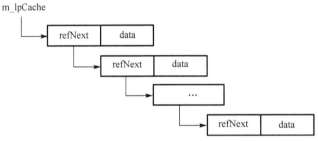

图 3.10　假释放后组成的内存块链表

为了实现内存预分配策略的通用化以及调用的方便性与透明性，该内存块链表及其所有的操作接口都被封装在类 CMemPool 中，该类的 UML 图如图 3.11 所示。该类具有 6 个属性和 5 个成员函数。其中，成员变量 m_lpCache 为所封装的内存链表的链首地址，m_nSize 为链表中每个内存块的大小 $n$，m_nIdleNum、m_nMaxNum 和 m_nCurNum 分别记录该链表中可用的内存块个数、预分配内存块的最大个数 $m$ 以及当前实际分配的内存块个数，m_oLock 为类 CMutexLock 的一个实例。类 CMutexLock 为多线程操作临界资源时提供互斥锁保护，成员函数 Unlock() 为解锁，Lock() 为加锁。在 5 个成员函数中，函数 RealFree() 用于实际释放该内存块链表中的所有内存块节点到操作系统，而内存块链表操作函数 Alloc() 和 Free() 主要实现预分配内存块的获取和归还。

每当图像获取模块需要申请内存块的时候，Alloc() 函数首先查找其内存链表，如果链首指针 m_lpCache 不为 NULL，则把该指针所指的第一个内存块取出并返回给调用者，并把 m_nIdleNum 减 1；如果 m_lpCache 为 NULL，则表示分配的内存块没有链为链表或者预分配的内存块已全部分配完毕，这时才真正调用 new 或 malloc 函数向操作系统实际申请一个大小为 m_nSize 的内存块，并把 m_nCurNum 加 1。当图像获取模块使用完某个内存块调用 Free() 函数进行释放的时候，并不是每次都调用 delete 或 free 函数把该内存真正释放给操作系统，而是先判断内存块链表中可用节点个数 m_nIdleNum 是否大于设置的预分配内存块最大个数

m_nMaxNum。如果节点个数大于 m_nMaxNum，则真正释放该内存块，并把 m_nCurNum 减 1；否则，把该内存块插入到内存块链表的链首，并把 m_nIdleNum 加 1。通过这种方式，使视觉检测系统中总是存在着 m_nMaxNum 个大小为 m_nSize 的内存块以供图像获取模块使用。而 m_nSize 和 m_nMaxNum 则分别由内存块大小设置函数 SetSize() 和节点最大个数设置函数 SetNum() 进行配置。

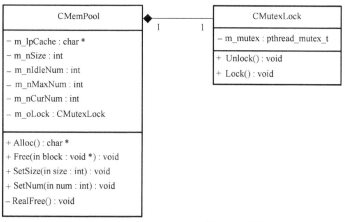

图 3.11　类 CMemPool 的 UML 图

因此，视觉检测系统预分配 $m$ 个大小为 $n$ 的内存块流程为：首先，调用函数 SetSize($n$) 和 SetNum($m$) 设置好内存块大小和个数；然后，调用 Alloc() 集中申请 $m$ 个大小为 $n$ 的内存块，由于假释放之前 m_lpCache 被初始化为 NULL，因此，此时的 Alloc() 调用都是向操作系统实际申请内存；最后，以分配的 $m$ 个内存块首地址为参数循环调用函数 Free()，假释放它们为一个内存块链表。另外，$m$ 和 $n$ 的取值必须与图像获取模块的帧率、图像分析处理速度以及视觉检测系统的硬件配置等相一致，否则只会适得其反。

从以上预分配流程可以看出，通过设置不同的 m_nSize 和 m_nMaxNum 值，类 CMemPool 不仅可用于数据包内存的预分配，而且适用于所有需要频繁申请、释放内存的场合，具有一定的通用性。所以，在所提出的视觉检测重构系统中所有涉及内存申请和释放的场合都采用该类的实例进行管理。

## 3.4　基于 FPGA 的图像处理硬件重构

随着数字信号处理器、大规模集成电路以及超大规模集成电路的高速发展与广泛应用，实时视觉检测与图像处理技术得到了迅速的发展。为了提高图像的处理速度，满足视觉检测系统的实时性要求，采用硬件来对图像进行处理是一种不错的解决方案。FPGA 便是目标硬件的理想选择之一，同时它的可靠性与软件可重构特征为提高图像处理速度以及提高图像处理算法柔性，提供了新的思路和解决方法[101]。

### 3.4.1　FPGA 硬件重构技术

在图像的采集与传输过程中，由于图像的获取方法不同、使用的工具不同等导致采集到的图像会存在一些缺点，比如变形、噪声等，图像的质量也随之降低。图像质量的降低将对后续图像的识别以及特征提取将带来一定的影响。因此，一般需要对图像进行图像滤波、图像增强等预处理，改善图像的质量，以满足后续处理需求[102]。这就对图像处理系统的硬件提出了较高要求，为此采用硬件重构来提高图像的处理能力。在硬件异构模式下实现通用图像获取可采用 FPGA 重构、DSP+FPGA 重构、可进化硬件(EHW)等。

#### 1. FPGA 重构

FPGA 的基本组成成分是可配置的逻辑块 CLB，或者称为 PAB(Programmable Active Bit)，其基于查找表(Look-Up-Table，LUT)结构可在线编程片内 RAM。组合函数通常用查找表的方式实现，函数的真值表保存在局部寄存器中，通过改写真值表的内容，可改变函数的关系，并由此实现 CLB 内部连接关系的重构。各个 CLB 之间的连接通常采用二维网络结构。但该结构一般只能实现静态配置文件实施算法重构，难以实现动态、实时改变。

为了缩短设计流程，设计者可随意选取不同的 IP 核(Intellectual Property Cores)以构建各种系统。IP 核是生产厂商提供给用户的可嵌入到 FPGA 中的功能模块，目前已有很多可支持 FPGA 的 IP 核。这些 IP 核可以是完成某种功能的模块，如滤波器、数学函数、总线或者网络接口等，IP 核将成为 FPGA 应用的核心。

实际应用中，一个系统往往需要运行多种模式，每种模式会拥有大量的逻辑，且在任意时刻常常只有一种逻辑处于运行状态。硬件逻辑重构核复用技术通过复用某种可编程结构，使用几种不同的非重叠操作模式实现对系统的组织和重构，使得这几种逻辑都能在同一结构上实现，并随模式的改变而进行切换，从而减少硬件投入。但如果改变可编程逻辑配置所需的时间较长，或所要求的功能不能轻易实现的话，将导致速度很低且系统功耗增加。

为此，2002 年 7 月莱迪思半导体公司推出了业界第一个在线系统可编程且动态可重构的、瞬时上电的 FPGA 产品系列 ispXPGATM(in-system programmable eXpanded Programmable Gate Array)。该系列在一个非易失性结构中结合了在芯片 E2 存储器和 SRAM 单元，从而允许无限可重构。Xilinx XC6200、Atmel 的 AT6000 系列 FPGA 也支持动态地部分重构或全部重构。并且使用配置压缩算法，可以跳过未用单元，只对需要重构的单元进行配置，阵列其余单元仍在正常运行，大大缩小了配置文件，减少了配置时间，并节省了存储器容量。

2. DSP+FPGA 重构

从广义上说，传统的 DSP 芯片具有可软件重构的功能。它将不同的软件功能模块放置在程序存储器的不同位置，并依据需要通过编程调用这些软件功能模块，以实现系统重构。当然，以重构为目的的 DSP 芯片需具有足够的程序存储器容量来保证其重构能力。

DSP 和 FPGA 相结合的重构技术具有其独特的优势。作为可重构技术应用的一个方面，在实时信号处理系统中，低层信号预处理算法处理的数据量大，且对处理速度要求高，但运算结构相对比较简单，适于用 FPGA 实现，以同时兼顾速度与灵活性。高层处理算法的特点是所处理的数据量较低层算法少，但算法的控制结构复杂，使用运算速度高、寻址方式灵活、通信机制强大的 DSP 芯片更合适。比较通用的做法是把 FPGA 作为 DSP/CPU 的外围协处理器，或者直接在 FPGA 中使用嵌入式 DSP 内核，甚至使用多片 DSP 和 FPGA 结构组成系统。

DSP+FPGA 结构能够充分利用这两者的优点来实现重构，其最大的优点在于数据流和结构组织灵活，有较强的通用性，适用于模块化设计，从而提高算法效率，缩短开发周期，使得系统易于维护和扩展，适合于实时信号处理。至于其重构方式，可以采用面向对象的在线设置重构或者由软件升级硬件的重构。

3. 可进化硬件

科学家们提出了基于生物学的电子电路设计技术，将进化理论的方法应用于其中，使得电子电路能像生物一样具有对外界环境变化的适应、免疫、自我进化以及自我复制等特性，用来实现具有高适应性、高可靠性的电子系统。这类电子电路常称为可进化硬件(Evolvable Hardware，EHW)。对于 EHW 的研究，一方面是把进化算法应用于电子电路的设计中，另一方面是硬件具有动态地、自主地重构自己以实现在线适应变化的能力。前者强调的是在电子设计中用进化算法替代传统的设计方法，后者强调的是硬件自身的可适应机理。

### 3.4.2 基于 FPGA 的图像采集与预处理

FPGA 通过可编程的内部连线连接逻辑功能块，以实现一定的逻辑功能。FPGA 所具有的系统可编程技术，使得系统内硬件功能可以像软件一样来编程配置，从而实时地、灵活而方便地更改和开发其功能，甚至在系统运行过程中也能够进行再配置，使得同样的硬件在不同的阶段可以实现不同的功能，大大提高了系统的重复利用率。这些优点使 FPGA 在图像处理领域得到了广泛的应用，主要应用在以下几方面：

(1)在 DSP+FPGA 结构的图像处理系统中担任接口和逻辑控制的任务，用作 FIFO 与 RAM。由于 FPGA 具有灵活的逻辑、大容量的存储单元和快速的执行速度，使得它在 DSP+FPGA 图像处理系统中首先考虑用于接口和存储器,完成逻辑和时序控制以及缓冲或存储数据的功能。

(2)实现图像处理的底层算法。对于数据量大而算法相对简单的图像处理算法,FPGA 显示出了其他技术手段不可比拟的优势。由于 FPGA 能实现多模块的并行处理,可以同时对多个模块进行预处理,因此在图像预处理方面取得了广泛的应用,如 FFT、小波变换、模板卷积以及中值滤波等。

(3)实现图像处理的高层算法。随着 FPGA 的发展以及乘法运算、开方运算、指数运算等复杂算法在 FPGA 上的成功实现,更高层次的图像算法已经得到了广泛的研究,如特征提取、图像分割、图像匹配等。近些年,随着半导体工艺的进步,FPGA 成本越来越低,但其性能却得到显著提升。此外,FPGA 中还不断集成一些新的硬件资源,如内嵌 DSP 块、内嵌 RAM 块、锁相环、高速 LVDS 接口等。

由于 FPGA 作为专用集成电路板块中的一种半定制电路而产生,其在进行实时图像处理时具有很好的灵活性,不是只有单一的固定模式,可以根据实际需要重新组配,组配后的系统通用性较好,适合于模块化设计。而且 FPGA 集成度高,有很强的逻辑实现能力,系统开发周期相对较短,方便系统的维护与升级。尤其是 FPGA 信号处理速度快,能显著提升图像数据的处理效率,保证视觉检测系统所要求的实时性。

全面的 FPGA 设计流程分为电路设计与输入接口、功能仿真、综合优化、综合后再仿真、布局布线、时序仿真、配置下载与调试验证等主要过程,其设计步骤如图 3.12 所示[103]。

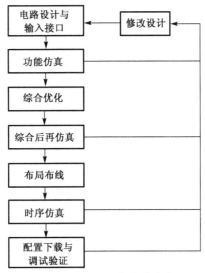

图 3.12 FPGA 的设计流程

1)电路设计与输入接口

通过某些规范的描述方式,将电路构思输入给电子设计自动化(Electronic

Design Automation，EDA)工具。常用的设计输入包括使用硬件描述语言(Hardware Description Language，HDL)、原理图设计和状态图设计等方法。目前 HDL 设计方式是设计大规模数字集成电路的良好形式,其中影响最为广泛的 HDL 语言是 Verilog HDL 和 VHDL(Very-High-Speed Integrated Circuit Hardware Description Language)。其共同特点是有利于自顶向下的设计,有利于模块的划分与复用,可移植性好,通用性好,设计不随芯片的工艺与结构变化而变化,方便向 ASIC 移植。

2)功能仿真

使用仿真工具对已实现的设计进行完整性测试。验证电路功能是否符合设计要求,功能仿真有时也被称为前仿真。通过仿真能及时发现设计中的错误,加快设计进度,提高设计的可靠性。

3)综合优化

在满足待实现电路的约束条件下,将 HDL 语言、原理图等设计翻译成由与、或、非门,RAM,触发器等基本逻辑单元组成的门级电路描述,再通过计算机对速度和面积进行逻辑优化,输出 edf 和 edn 等标准格式的网表文件,获得一个能满足要求的电路设计方案。综合优化后产生的 FPGA 网表文件,以供厂家布局与布线。

4)综合后再仿真

综合优化完成后通过综合后再仿真检查综合结果是否与原设计一致,把综合生成的标准延时文件反标注到综合仿真模型中去,可估计门延时带来的影响。综合后仿真的主要目的在于验证设计功能的正确性,并检查综合器的综合效果是否与设计输入一致。

5)布局布线

综合优化产生的逻辑网表与芯片实际的配置情况还有较大差距。利用 FPGA 厂商提供的工具软件,根据所选芯片的型号,将综合输出的逻辑网表适配到具体 FPGA 目标器件中,该过程称之为实现过程,其中最主要的过程是布局布线。布局是将逻辑网表中的硬件原语或者底层单元合理地适配到 FPGA 内部固有硬件结构上,布局的优劣对设计的最终实现影响很大。布线是根据布局的拓扑结构,利用 FPGA 内部的各种连线资源,合理地、正确地连接各个元件。在完成了布局布线后,同时提取相应的时间,生成含有时间的网表文件。

6)时序仿真

对布局布线后生成的含有时间延迟的网表进行仿真,也叫布局布线后仿真。布局布线之后生成的仿真时延文件包含的时延信息最全,相比之前的功能仿真,时序仿真增加了电路的路径延时和门延时,所以布线后仿真最准确。布局布线后仿真能检查设计时序与 FPGA 实际运行情况是否一致,确保设计的可靠性和稳定性。

7)配置下载与调试验证

在时序仿真正确的前提下,通过 EDA 软件生成配置文件,将形成的配置文件下载到具体的 FPGA 中，进行测试验证。该步骤既可以直接由计算机经专用下载电缆配置，也可以由外围配置芯片进行上电自动配置。

整个 FPGA 设计通常按照上述流程进行开发，任何仿真或验证步骤出现了问题，都需要根据错误定位返回到相应的步骤进行更改或者重新设计。

### 3.4.3 基于 FPGA 的图像获取硬件结构

为了满足视觉检测系统的实时性，一些算法成熟、简单的预处理与图像变换功能转移到图像获取硬件中来完成，可大大减少数据传输量，提高图像有用信息传输效率。利用 FPGA 的算法配置特性，使得图像获取硬件在实现传统图像采集功能的基础上，能灵活地实现一些常用的图像预处理算法。由于图像采集功能与预处理功能相对独立，而图像预处理算法因功能需要会经常改变，为了方便算法升级，采用一种包含多个 FPGA 的松耦合形式以实现可重构逻辑。把相对稳定的图像采集功能以及 PCI 接口传输由主 FPGA 完成，另一个从 FPGA 实现图像预处理算法的重构[104]。其系统硬件结构如图 3.13 所示。

其中，主 FPGA、从 FPGA 和 PCI 接口的 Local 端采用同源时钟。视频解码芯片采用 SAA7113 将模拟图像信号解码成数字信号，视频编码芯片采用 SAA7105。PCI 接口芯片选用 PCI9054 芯片，其最大数据传输速度可达 132MB/s。此外，在图像获取硬件中加入了图像输出显示接口和 RS-232 串行输出接口，以方便在图像算法设计调试时观察中间图像和变量值。

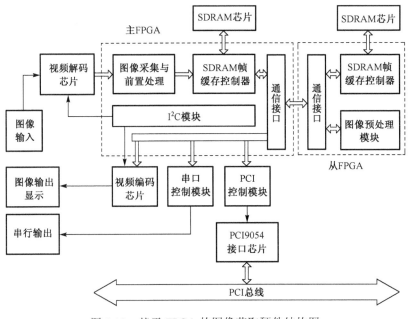

图 3.13　基于 FPGA 的图像获取硬件结构图

主 FPGA 完成系统协调控制、图像采集与前置处理，并通过通信接口与从 FPGA 交互，实现对采集图像的预处理功能，周围配置有视频解码芯片、视频编码芯片和 SDRAM 存储器等功能芯片，以完成图像的采集、存储和预处理等功能。图像采集功能主要实现模拟视频的解码、视频数据的提取和视频格式的调整，将模拟视频信号转换为数字视频信号及各信号的位置坐标。其具体工作流程为：CCD 相机输出标准模拟图像信号，通过视频解码芯片将其转换为 PAL 制式的数字视频流；主 FPGA 从数字视频流中获得有效图像信号，实现其 SDRAM 存储，并发送给从 FPGA 进行板载的预处理功能；采集的图像经预处理后，一方面使用视频编码芯片将数字图像信号转换为标准电视信号输出至显示器进行显示，另一方面借助 PCI 总线把数字图像信号传输到高层图像处理单元作进一步的图像处理与分析。以下依次介绍其中央处理器、视频解码、视频编码、存储控制等硬件选型与设计。

### 1. 中央处理器

在图像获取过程中，底层图像预处理数据量较大，对处理速度要求较快，但算法又相对简单，适合用 FPGA 实现[105]，以兼顾处理速度及灵活性。采用 Altera 公司 Cyclone II 系列芯片 EP2C20Q240C8，该芯片具有 18 个逻辑单元，内嵌 52 个 M4K RAM 块，包含 4 个 PLL，26 个嵌入乘法单元，最大用户 I/O 数为 142，可满足系统需求[106]。

FPGA 芯片控制图像信号的采集、存储和预处理，主要完成以下功能：
① 完成对视频解码芯片 SAA7113 和视频编码芯片 SAA7105 的寄存器配置；
② 采集视频数据，并完成前置处理，提取出有效的图像信号；
③ 对 SDRAM 实现"乒乓操作"，主从 FPGA 协调实现图像的采集存储和预处理；
④ 通过 PCI 通信接口与高层图像处理设备进行通信与功能扩展；
⑤ 将图像数据送往视频编码芯片进行显示输出。

### 2. 视频解码

视频解码器完成视频信号的 A/D 转换和格式识别，选用 SAA7113 作为视频解码芯片。其具有 4 路模拟视频信号输入，可通过配置内部寄存器选择输入信号形式，包括 4 路 CVBS 或 2 路 S 视频信号；8 位 VPO 数据总线可输出 ITU-R BT.656 YUV 4:2:2 格式的视频信号。从内部结构看，SAA7113 具有双通道模拟预处理电路，包括信号源选择、2 个模拟抗混叠滤波器和模数转换器、自动箝位和增益控制电路、时钟发生电路、数字多制式解码器、亮度/对比度/饱和度控制电路以及色彩空间转换矩阵等[107]。

首先，I²C 总线初始化 SAA7113 的内部寄存器之后，启动 A/D 转换，按照行、场时序对 VPO 总线数据进行采样，得到符合 ITU-R BT.656 标准的 YUV 4:2:2 数字视频信号。CCD 相机输出的模拟电视信号通过 BNC-JACK 插座连接到 SAA7113 的 AI11 端口。SAA7113 通过 VPO 总线、RTS0、RTS1、片选 CE、串行时钟线 SCL、串行数据线 SDA 与 FPGA 芯片进行通信和数据传送。数据线 SDA 和时钟线 SCL 为 $I^2C$ 总线提供接口引脚，以实现 FPGA 对 SAA7113 内部寄存器的配置。

3. 视频编码

视频编码完成数字图像信号到模拟电视信号的转换，通过 CRT 扫描进行显示。在现行顺序制传送系统中，逐行扫描和隔行扫描使用较多。视频编码芯片选用 SAA7105，其可输出 PAL 制式(50Hz)或 NTSC 制式(60Hz)的电视信号，最大分辨率可达 1280×1024 像素，隔行可达 1920×1080 像素，具有主模式与从模式两种工作模式。其中，主模式下芯片生成各种同步信号，而从模式下则接收各种同步信号。

12 位总线 PD 可接收图像控制器传来的多种格式的 8 位或 12 位图像信号，可采用双沿时钟采样或单沿时钟采样。SAA7105 的工作模式(主模式或从模式)决定着水平同步信号 HSVGC、垂直同步信号 VSVGC 和场同步信号 FSVGC 接收或发送相应信号。像素时钟由 PIXCLKI 和 PIXCLKO 引脚产生，以同步图像信号的传送。$I^2C$ 总线通过 SCL 和 SDA 引脚配置芯片内部寄存器，选择输出 RGB 信号，同时产生水平参考信号 HSYNC 和垂直参考信号 VSYNC，送至 VGA 接口以供显示。

4. 存储控制

为了保证图像采集的实时性，所采集图像的输入存储与处理通常需要采用并行处理，即一帧图像采集完成后，主 FPGA 把图像传输给从 FPGA 后继续采集下一帧，而从 FPGA 则开始处理上一帧采集的图像。为了实现主从 FPGA 的同步处理，硬件上有 FIFO 存储器、双端口 RAM、单口 SRAM 交替存储数据等多种实现方案。

动态存储器需要不停地刷新数据，控制较为复杂且成本较高，故静态存储器是首选。双端口 RAM 提供两套地址线与数据线，可以同时读、写不同的存储单元，但是对同一单元同时发起读与写操作，可能导致存储单元的数据错误。虽然 FIFO 存储器控制相对简单，但其容量较低，且价格较高。

考虑到原始图像处理数据量大以及所采用的主从式结构，由两片 SDRAM 分别与各自 FPGA 相连，通过通信接口实现图像存储与图像处理的切换，类似"乒乓"采集。图像"乒乓"采集是指 FPGA 采集一帧图像到一块缓存空间时，已存储于另一块缓存空间的图像正在被处理；当前帧图像采集完成后，FPGA 会紧接着处理该帧图像，同时将下一帧图像数据存储到另一块存储空间；如此反复，直至采集完成[108]。按照"乒乓"采集的思想，把原来由一个 FPGA 完成的图像采集与预处理分开分别由两个 FPGA 来协调处理，由两个 SDRAM 充当"乒乓"采集的双缓冲，该采集方式耗费时间短，具有一定优越性。

### 3.4.4　基于 FPGA 的预处理算法设计

图像预处理属于图像的低级处理，主要针对像素完成图像增强、滤波以及边缘检测等操作，运算量大，重复性强，算法简单固定，并存在固有的并行性。因此，适合于采用 FPGA 等硬件实现以提高图像预处理的实时性与并行性。

图像增强、滤波等预处理大多数本质上是基于模板的卷积操作，如均值滤波、高斯滤波、拉普拉斯运算以及梯度法等都有各自的模板。另外，大多数边缘检测算子也采用模板表示，如 Sobel 边缘算子、Prewitt 边缘算子、Krisch 边缘算子等。因此，模板卷积运算是图像预处理中的常见运算。

滑动窗操作是实现以上图像滤波、卷积运算等基于邻域计算的图像处理算法的基础。滑动窗是一个原点周围的特定长度或形状的邻域，用以计算图像算法的输出。如滑动方形窗操作可以计算整个邻域内所有像素的平均值，以实现均值滤波。

通常，这些预处理算法都选择尺寸大小为奇数的滑动窗口。FPGA 硬件设计中大多数选用 3×3 的方形窗，即使选择较大尺寸的滑动窗，图像处理效果也不一定有明显的改善，反而会占用更多的 FPGA 芯片的硬件资源，降低工作频率。对于一个 3×3 的方形窗，其中心点一般为所选的那个原点[109]。

方形窗的算法流程如下：在处理某一像素点时，该滑动的方形窗将包含该像素点及其邻域像素；接着，对方形窗中的 9 个值进行特定的图像算法计算，并以输出像素值取代方形窗原点位置的像素值；然后，每计算完一个原点像素及其邻域后，3×3 方形窗将逐步右移或换行，直到遍历并处理完整幅图像数据阵列中的所有像素。

为了实现方形窗中的 3 行 3 列共 9 个像素的并行输出，以利用核心算法模块的流水线处理优势，采用两个 FIFO 存储器，该 FIFO 存储器地址宽度为图像宽度 W。于是，每个 FIFO 存储器正好可以存储一行共 W 个图像数据，使得 3×3 方形窗生成模块的输出正好构成 3×3 模板所对应的 3 行 3 列共 9 个图像像素值。

当方形窗沿着像素行列移动的过程中，为了防止图像数据访问超过图像大小的限制，设计了行列计数器。当方形窗沿着图像的行自左向右每移动一个像素，列计数器加一。当列计数器达到边界条件溢出时，行计数器加一，同时方形窗转入下一行继续处理。

作为构架的核心模块，计算模块的结构图如图 3.14 所示。

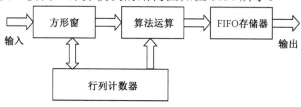

图 3.14　计算模块结构及流程图

　　首先，从 FPGA 读取内部片上 RAM 的图像数据，输入到方形窗，方形窗通过两个 FIFO 存储器将数据串行读入并以每 9 个像素一组的形式输出给算法运算模块。其中，方形窗的移动受行列计数器的指导，其移动方向完全由行列计数器的状态决定。接着，算法运算模块加载方形窗的输出到寄存器中并运算。最后，运算结果被送到 FIFO 存储器中进行输出。

　　为了方便地实现预处理算法的可重构，负责具体的图像算法实现与计算的计算模块设计了一个可方便移出和修改的接口，可以针对不同的图像处理算法，如滤波、卷积或图像变换、缩放等运算设计不同的计算模块，所有模块按照架构的统一接口要求设计，以方便加入到架构平台上调试和运行。

　　由于图像预处理算法多数包含了大量的乘、加等数值运算，而且这些运算相对独立，具有潜在的并行性，在普通计算机上无法利用该特性以提高运算速度。即使 DSP 等专用图像处理芯片，由于其本身仍采用串行的计算机体系，难以充分发挥这些运算的并行性。而 FPGA 本身所具有的并行能力使得其在处理图像上有着先天优势，可以最大限度地挖掘图像处理算法潜在的并行性[110]。

　　下面以中值滤波为例，说明 FPGA 的流水线设计在提升图像处理算法运算并行性方面的优势。

　　中值滤波是排序滤波中的一种特例，与均值滤波器以及其他线性滤波器相比，能够很好地滤除脉冲噪声，同时保护图像的边缘信息。它采用一种类似于卷积的邻域运算，但处理算法并非加权求和，而是对邻域中的像素按灰度级排序，并选择其中间值作为输出像素值。

　　标准的中值滤波器通常由一个奇数大小尺寸的滑动方形窗组成。以 $3 \times 3$ 方形窗为例，该方形窗沿着图像数据的行方向逐像素滑动，在每一次滑动期间，按照灰度值排序方形窗中的所有像素，并输出这组数据的中值，以替代原来窗函数中心位置的像素灰度值。

　　为了实现排序电路的流水线设计[111]，采用以下改进并行算法：首先，对方形窗中每行的 3 个像素数据分别并行排序，得到每行的最大值、中值和最小值；接着，把每行的最大值、中值和最小值分别归为一组，对所得的最小值组、中值组和最大值组分别进行排序，得到各组的最小值、中值和最大值；最后，对最小值组的最大值、中值组的中值和最大值组的最小值再次排序，其中值即为所求的滑动窗中值。

# 第 4 章　视觉检测软件系统重构

为了实现视觉检测系统的重构，采用组件技术设计视觉检测算法库，定义了视觉检测算子的接口以及由这些算子重组视觉检测流程的方法，介绍了视觉检测流程中基于配置信息的算子及其相互调用链的信息表达、搜索与存储方法。针对图像分析与理解层次，给出了目标特征提取与重构方法，并采用遗传算法实现特征的解耦与选择。在此基础上，给出了视觉检测可视化设计模型及其重构平台设计方法。

## 4.1　机器视觉在线检测算法库设计

通过对数字图像处理理论与方法的研究，基于 Visual C++开发了一套可重用的机器视觉算法库。该库囊括了图像处理的主要功能，能够实现图像预处理、图像分割、特征提取与选择、特征匹配与识别等功能。针对流水线上、不间断连续运动物体的在线视觉检测，突出算法的通用性，并通过长期的试验积累，对常用算法加以改进，以满足机器视觉检测系统海量序列图像的高效计算等要求。同时，算法采取参数化设计方法，以经典算法为模板，将核心参数设置为可调，以方便用户的二次开发与重构实现。通过对多种产品的视觉检测实验，该视觉检测算法库对于加速理论论证、算法选取、系统重构实现等有很大帮助，有利于机器视觉检测系统的推广与快速开发，满足企业日益增长的自动化检测需求。

### 4.1.1　产品视觉检测常用算子分类

1. 图像预处理

1)噪声分类

数字图像极易受到各种电子干扰，不可避免地在整个图像获取与处理过程中产生各种噪声。在数字信号处理分析领域，将噪声定义为随机信号，用概率密度函数（Probability Density Function，PDF）来表示。通常噪声种类很多，根据其 PDF 函数所呈现的特点，可以将其分为高斯型、瑞利型、椒盐型等[112]。图 4.1 分别给出了几种常见图像噪声的 PDF 函数分布。

依据噪声所符合的概率分布形式，选用相对应的滤波器可达到理想的图像去噪效果。表 4.1 为常见图像噪声的 PDF 函数，这些函数有效地反映了对应噪声的特性。

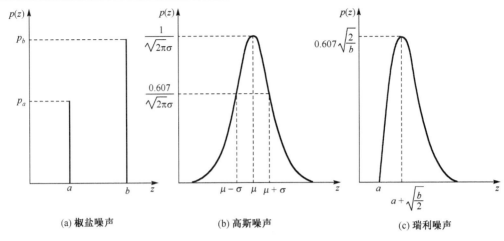

图 4.1　常见图像噪声的概率密度函数

表 4.1　常见图像噪声的 PDF 函数

| 噪声类型 | 描述（PDF） | 备注 |
|---|---|---|
| 高斯噪声 | $\mu(z)=\dfrac{1}{\sqrt{2\pi}\sigma}\mathrm{e}^{-(z-\mu)^2/2\sigma^2}$ | $z$ 表示灰度值，$\mu$ 为期望，$\sigma$ 为标准差 |
| 瑞利噪声 | $p(z)=\begin{cases}\dfrac{2}{b}(z-a)\mathrm{e}^{-(z-a)^2/b}, & z\geqslant a\\ 0 & ,\ \text{其他}\end{cases}$ | 期望：$\mu=a+\sqrt{\pi b}\,/\,4$<br>方差：$\sigma^2=\dfrac{b(4-\pi)}{4}$ |
| 指数分布噪声 | $p(z)=\begin{cases}a\mathrm{e}^{-az}, & z\geqslant 0\\ 0 & ,\ \text{其他}\end{cases}$ | 期望：$\mu=1/a$<br>方差：$\sigma^2=1/a^2$ |
| 均匀分布噪声 | $p(z)=\begin{cases}\dfrac{1}{b-a}, & a\leqslant z\leqslant b\\ 0 & ,\ \text{其他}\end{cases}$ | 期望：$\mu=\dfrac{a+b}{2}$<br>方差：$\sigma^2=\dfrac{(b-a)^2}{12}$ |
| 椒盐噪声 | $p(z)=\begin{cases}P_a, & z=a\\ P_b, & z=b\\ 0 & ,\ \text{其他}\end{cases}$ | $P_a$、$P_b$ 分别表示出现了两种不同幅值的噪声，反映在图像上，如同"胡椒"、"盐" |

2）图像间运算

图像间的算术运算与逻辑运算是图像处理最为直观和有效的方法，许多常见的图像处理技术均基于此，如在民用领域大量应用的高动态技术（High Dynamic Range，HDR）、宽动态技术（Wide Dynamic Range，WDR）等通过多次曝光，然后再由软件合成为单幅图像。但这些技术在工业检测应用中却存在很大的局限性。例如，检测粘扣带、坯布、网孔织物等具有连续性的产品时，被检对象不间断地向前运动，很难有时间反复采集图像，往往能够得到一幅理想图像已十分困难。因此，图像间的加法运算应用较少，图像间的减法则可用于运动物体的检测。另外，图像间的减法或除法运算也可用于校正由于光源或传感器的非均匀性造成的图像灰度阴影，在宽门幅物体图像采集中需定期采用这种手段检查光源是否存在局部光照衰减过快的问题，也可以直接用于校正图像。

3) 直方图均匀化

直方图是图像分析的重要特征与工具，从直方图中能直观地看出灰度分布情况。直方图中灰度值的集中程度反映了图像的对比度，灰度值集合偏左或偏右则能表明图像是否存在曝光不足或过曝现象。直方图均匀化就是通过"调整"图像的直方图，实现增加图像动态范围的目的。图 4.2 以网孔织物为例，给出了直方图均衡化前后的效果对比，从图中可以看出直方图均衡能显著增强图像的对比度。

(a) 均衡化前　　　　　　　　　　　　　(b) 均衡化后

图 4.2　直方图均衡化效果对比

4) 平滑滤波算子

图像处理中，噪声时常会带来图像退化的问题。噪声的来源很多，如图像采集传送中所受的干扰、直方图均衡化后增加的可视颗粒，这些噪声的存在都将对后续被检测对象的特征提取带来不确定因素，并可能增加系统的实现难度。

为解决这一问题，常常在图像预处理时对图像进行平滑滤波。滤波的概念来源于数字信号处理。图像是数字信号的一种，通常将一幅数字图像定义为一个二维函数 $f(x, y)$，其中 $x$ 与 $y$ 是横纵坐标。

从处理效果上看，空域滤波主要给图像带来两种变化：平滑与锐化。顾名思义，平滑滤波器将弱化图像边缘，能在一定程度上消除噪声；锐化滤波器则正好相反，会强化边缘与噪声。空域上的线性滤波通常使用窗函数对中心像素及其领域做卷积来实现。设一幅大小为 $M \times N$ 的图像 $f(x, y)$，对其线性滤波的计算过程可定义为

$$g(x, y) = \sum_{s=-a}^{a} \sum_{t=-b}^{b} w(s, t) f(x+s, y+t) \tag{4.1}$$

均值滤波器算法简单、计算量小，是经常使用的平滑滤波器。但是它的缺点也同样明显，容易造成细节丢失过多等问题。如果噪声平稳，且其概率密度函数符合

高斯函数，那么选择高斯滤波器则最为恰当。高斯滤波器适合于消除高斯噪声，应用广泛。因此，在选择滤波器时，主要的参考依据是噪声所符合的概率密度函数；否则，不恰当的操作不仅难以达到预期效果，甚至会适得其反。

为了提高系统的鲁棒性，首先需要认真分析噪声源及其噪声类型等，然后再选择与该噪声对应的滤波方式。常见的图像平滑滤波器如表 4.2 所示。

**表 4.2　常用的图像平滑滤波器**

| 滤波器名称 | 滤　波　描　述 | 适用范围 |
|---|---|---|
| 均值滤波器 | $\hat{f}(x,y) = \dfrac{1}{mn} \displaystyle\sum_{(s,t) \in S_{xy}} g(s,t)$ | 简单平滑图像的局部变化，在去噪的同时会极大地模糊图像 |
| 中值滤波器 | $\hat{f}(x,y) = \text{median}\{g(s,t)\}$ | 特别适合于消除椒盐噪声 |
| 高斯滤波 | 数学上为各向同性传播滤波，$\hat{f}(x,y) = h(x,y) * g(x,y)$ 其中 $h(x,y)$ 为二维高斯函数 | 高斯型噪声的削弱效果最好。由于经典高斯滤波器是各向同性，无法区分边缘方向，会弱化边缘 |
| Gabor 滤波 | $G(x,y,\theta,f_0) = \exp\left\{-\dfrac{1}{2}\left(\dfrac{x_\theta^2}{\sigma_x^2} + \dfrac{y_\theta^2}{\sigma_y^2}\right)\right\}\cos(2\pi f_0 x_0)$ $\begin{bmatrix} x_\theta \\ y_\theta \end{bmatrix} = \begin{bmatrix} \sin\theta & \cos\theta \\ -\cos\theta & \sin\theta \end{bmatrix}\begin{bmatrix} x \\ y \end{bmatrix}$ $\theta$ 表示滤波方向；$f_0$ 表示频率；$\sigma_x$，$\sigma_y$ 为不同方向高斯包络线的标准方差；$[x_\theta, y_\theta]$ 表示将 $[x, y]$ 顺时针旋转（$90° - \theta$）。 | 不同于高斯滤波器，Gabor 滤波是采取各向异性的方式，对边缘的弱化要强于高斯滤波器 |

## 2. 边缘检测

在视觉检测图像处理中，图像在采集、传输、预处理等环节的不当操作都能够引起图像锐度降低，被检对象边缘被弱化，从而导致图像特征的识别与提取变得困难。行之有效的边缘检测方法，是决定机器视觉检测系统成败的关键因素。

常见的空域锐化滤波算法也是一种微分算法，其与图像中像素点及其领域内的梯度紧密相关。根据其数学定义，可以将这些微分算子分为一阶微分算子与二阶微分算子。主要的一阶微分算子有：Roberts、Prewitt、Sobel；二阶微分算子则以 Laplace 为代表。Roberts（如图 4.3 所示）窗函数大小为 $2 \times 2$，计算一对垂直方向的差分，故也被称为交叉梯度算子；Prewitt、Sobel 是最常用的一阶微分算子，其经典形式如式（4.2）所示：

$$\begin{cases} G_x = (z_7 + \lambda z_8 + z_9) - (z_1 + \lambda z_2 + z_3) \\ G_y = (z_3 + \lambda z_6 + z_9) - (z_1 + \lambda z_4 + z_7) \end{cases} \tag{4.2}$$

它们采用一个 $3 \times 3$ 的窗函数与图像做卷积计算。二者的区别仅在于中心权值系数 $\lambda$ 不同，即二者响应存在差距，Sobel 取 2，边缘锐化效果更加突显。经典的一阶微分算子，仅能对水平或垂直方向具有良好输出，为改善这一情况，往往对其加以改进（如图 4.3 所示的 Prewitt 45°/135°、Sobel 45°/135°）。

Laplace 是典型的二阶微分算子，从图 4.3 可以看出，Laplace 算子是各向同性的，对边缘方向的分析能力较差，而且对噪声较敏感。

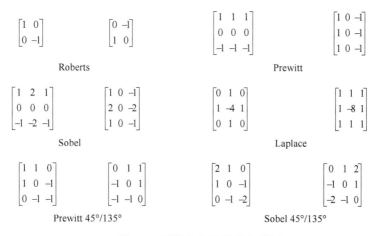

图 4.3　图像边缘检测微分算子

3.　图像分割

在视觉检测中，通常背景的存在会干扰对待检测对象的准确分析。待检测对象的特征提取首要的任务就是将目标与背景分离——即图像分割，之后才能对目标做进一步处理。因此，图像分割结果的好坏直接影响到后续的图像理解。

由于待检测对象图像的显著差异性，通用型算法很难完美地实现图像分割。特别是图像分割选取阈值至关重要，而阈值又往往依赖于图像统计学特征。因此，图像分割不仅针对不同的检测对象上大相径庭，而且在检测同一对象的不同图像序列时也可能存在细微差异。表 4.3 给出了常用的阈值分割方法[113]。

表 4.3　常用的阈值分割方法

| 分割方法 | 描　　述 | 特　　点 |
|---|---|---|
| 全局阈值法 | $g(x,y)=\begin{cases}1,&f(x,y)\geqslant T\\0,&其他\end{cases}$ | 采用单一阈值对整幅图像进行处理，对于复杂图像，效果将大幅下降 |
| 局部阈值法 | $g(x,y)=\begin{cases}1,&\sigma^2\geqslant T\\0,&其他\end{cases}$ | 计算图像的相关统计量,选择其中具有较大区分度的统计量对图像进行分割,如图像的方差。该方法较全局阈值法效果要好,但关键在于统计量的选取 |
| 自适应阈值法 | 将图像细分为若干子图像,对不同子图像采用不同阈值进行分割 | 在光照不均匀时,这种方法较好,例如在处理网孔织物此类超宽门幅对象时,采取该方法进行图像分割 |
| 区域增长 | 首先指定规则,再将像素或子区域按照该规则进行聚类操作 | 区域增长对于遥感图像的处理较好 |

针对流水线上、不间断运动的连续产品的在线视觉检测，多年理论与实践研究发现，该类产品视觉检测具有以下两个特点：① 工作时间长；② 长期工作后，系统模型稳定性降低，特别是光源的衰减导致光照条件发生改变的几率很大。在这种情况下，阈值分割容易出现图像序列前后时间点图像分割差异显著，甚至在某些宽门幅的产品检测中，同一图像中不同区域间也可能存在这种问题。

为了避免在图像分割中，由于光照等因素导致的图像信息错误，实际视觉检测系统中所运用的图像分割方法应具有自适应性，以保障图像分割的准确性。

工业检测中的机器视觉系统实际上可看作是多参数确定，少数参数可变的模型，整体相对稳定，且变化有一定规律可循。如在宽门幅产品视觉检测中常用的 LED 条形光源，LED 均作阵列布置，其间距相等。若某一 LED 亮度退化，可根据 LED 光强、光照距离等估算出基本退化单元，以此对图像统计特征进行区域划分，并根据不同区域的统计学特征来调整各自区域的阈值。下面以导爆管与网孔织物为例，介绍在实际产品视觉检测系统中所用的两种图像分割方法。

1）基于多阈值的图像快速分割算法

图像检测的要求决定了分割的难度，对于导爆管的图像分割，需要提取出外径的轮廓进行测量，计算内壁的厚度作为参考量，而且需要从背景图像中分离导爆管区域以缩小疵点识别算法处理的范围，采用边缘检测算子和阈值分割分别对导爆管图像进行处理，通过比较得出最适合的边缘分割方式。

基于边缘检测算子对导爆管图像进行分割，图 4.4 分别给出了采用常见的边缘检测算子处理后的结果，包括 Sobel 算子、Roberts 算子和 Laplace 算子等[114]。

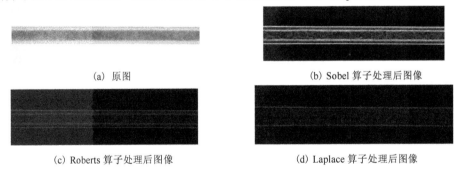

(a) 原图　　　　　　　　　　　　　(b) Sobel 算子处理后图像

(c) Roberts 算子处理后图像　　　　　　　(d) Laplace 算子处理后图像

图 4.4　导爆管的边缘检测效果

从图 4.4 可以看出，经过 Sobel 算子分割以后，导爆管图像的边缘清晰而且连续，对背景中噪声的抑制也很有效；而经过 Roberts 算子处理以后，图像的边缘和背景区分度很低；经过 Laplace 算子处理以后的图像边缘不仅对比度低，而且有些边界曲线有断开的趋势。对比这三种边缘检测算子的效果，只有 Sobel 算子的边缘检测效果较好。

　　但是 Sobel 算子的边缘检测并没有严格地将图像的目标区域与背景分离开来，即 Sobel 算子并不是基于灰度完成图像的分割。由于 Sobel 算子实现边缘检测的过程与人眼的识别过程有差异，因此 Sobel 算子检测的边缘并不是最优的。采用阈值分割是一种快捷简单而且最符合人眼视觉习惯的方法。基于阈值对导爆管的边缘进行分割，依据阈值选取方式的不同，分为大津阈值分割和交互式阈值分割。

　　大津阈值分割是一种自动选取阈值的分割方法，导爆管图像的大津阈值分割结果如图 4.5(a) 所示，从图上很明显地看出：大津阈值分割将图像的管壁部分完全屏蔽了，只分离出了导爆管的内径，而且即使是内径的分离效果也不好。

　　交互式阈值分割是一种人工选取阈值进行分割的方法，该方法通过观察 PDF 图，不断地调整阈值实现图像分割，耗时较短，操作灵活，适应性强。

　　由于产品检测过程中，光照环境不同、产品的颜色和类型也各异，为了获得最佳的分割效果，采用交互式阈值分割的思路。导爆管的管径检测需要测量外径尺寸和管壁厚度，所以分离出导爆管的内外径是十分必要的。导爆管的背景、内径、外径的对比度高而且彼此互不连通，其 PDF 图呈现典型的双峰分布，因此设计了一种基于多阈值的导爆管分割算法。

　　基于多阈值的导爆管图像分割算法，其分割原理是模拟人眼的识别过程，通过对比不同区域的灰度差异，确定图像不同区域的边缘。其实现过程如下：首先，加载一幅导爆管的灰度图像 $f(x, y)$，经过均值滤波以后得到图像 $g(x, y)$，依次读取 $g(x, y)$ 中每一点的灰度值 $\mathrm{Gray}(s, t)$；然后根据导爆管的 PDF，选取阈值 $T_1$ 和 $T_2$；再将两个阈值与每个像素比较，输出图像 $g'(x, y)$；重复以上步骤，直到获得满意的分割结果为止。该多阈值分割方法的导爆管处理结果如图 4.5 所示。

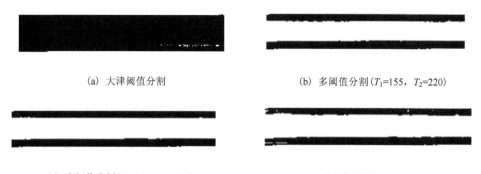

　　(a)　大津阈值分割　　　　　　　　　　　(b)　多阈值分割($T_1$=155，$T_2$=220)

　　(c)　多阈值分割($T_1$=160，$T_2$=220)　　　　　(d)　多阈值分割($T_1$=165，$T_2$=220)

图 4.5　导爆管的大津阈值和多阈值分割结果

　　由图 4.5 可知，图 4.5(a) 采用大津阈值分割，完全没有分割出内外径；图 4.5(b)、(c) 和 (d) 采用双阈值分割，推测第二个波峰是内径像素点的灰度集合。由于图像内外径与背景的差异性很大，且背景几乎完全为白色，因此，阈值上限很容易选择。经过几次试验后，选择 220 最合适。而内外径的灰度对比度适中，因此阈值下限选择了 155、160 和 165 进行对比实验，结果发现：$T_1$ 取 155 的分割图像内径边缘呈现较多的锯齿形，效果比较差(如图 4.5(b)所示)；$T_1$ 取 160 时，分割的内外径均比较光滑，效果最好(如图 4.5(c)所示)；$T_1$ 取 165 分割后，内径左侧的边缘形状偏大，而且管壁区域存在孔洞，分割效果最差(如图 4.5(d)所示)。因此，选择 $T_1=160$，$T_2=220$ 的双阈值对导爆管图像的内外径进行二值化分割。

2) 基于明暗度的自适应图像分割方法

以宽门幅的网孔织物为例，给出一种基于明暗度的自适应图像分割方法。图 4.6 为线阵 CCD 相机所采集的网孔织物图像，根据线阵 CCD 相机工作原理，从图中可以看出，从上到下，图像明暗度一致；而从左至右，由于光照不均匀，图像明暗度不一致，图像灰度直方图如图 4.7 所示。若采用全局阈值分割，其分割效果肯定不理想。若采用局部阈值分割，将图像分为固定的几块，则由于其明暗度分布不一致，导致分割效果不尽如人意，如单纯增加划分的区域，将导致图像处理效率下降而效果改善又不太显著。鉴于此，提出了一种基于明暗度的自适应阈值分割方法[115]。首先，根据图像明暗度对图像进行分块；然后，对各块选择合适的阈值进行分割，可很好地克服光照不均匀影响，为后续图像分析提供良好的基础。

图 4.6　线阵 CCD 相机采集的网孔织物图像

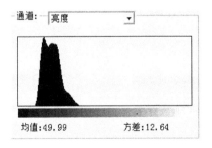

图 4.7　网孔织物图像的灰度直方图

为了依据图像明暗度划分图像区域，利用线阵 CCD 相机采集的图像至上而下明暗度一致，而按列存在差异的特点，计算网孔织物图像中各列的平均值，用来代表各列的明暗度信息，其明暗度变化曲线如图 4.8 所示。

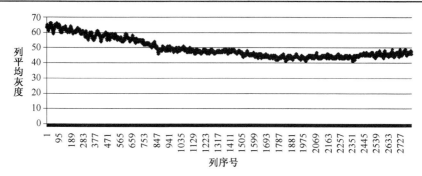

图 4.8　网孔织物按列的明暗度变化曲线

由图 4.8 可知，图像明暗度从左到右，依次递减，最大灰度平均值为 66，最小灰度平均值为 44。总体亮度相差较大，而局部亮度相差不大，与图 4.7 中灰度直方图相符合。

通过分析明暗度曲线，总结其变化规律，提出了基于明暗度的自适应分块方法。首先，根据明暗度曲线得出其亮度平均值 Avg；再以均值 Avg 和最大值 Max 为一区域，均值 Avg 和最小值 Min 为另一区域，依次对图像进行分块；为防止残留噪声等影响产生的图像波动现象，导致只有几个或几十个像素被分为一个区域，浪费处理时间，在对明暗度曲线进行扫描的同时，记录其像素个数，设定区域像素个数阈值 P，以克服此类现象。

经所提出的算法处理后，图 4.6 中的网孔织物图像被自适应地分为 A[0，859]、B[860，2816]两块区域，区域分块的结果如图 4.9 所示。

通过对图像明暗度进行分析，并提出了基于图像明暗度的自适应区域分块方法，然后针对不同区域选定相应的阈值，分别进行各自区域的图像分割。通过分析其分割区域的灰度直方图，直接选取各个区域的均值作为分割阈值以节约处理时间。该图像分割算法的流程如图 4.10 所示。

图 4.9　网孔织物图像分块区域

为了验证所提出的基于明暗度的图像分割方法的有效性，对其与大津分割方法进行了对比实验，结果如图 4.11 与 4.12 所示。其中，图 4.11 为大津分割效果，图 4.12 为基于明暗度的图像分割效果。破孔是网孔织物最主要的缺陷，孔洞大小作为识别破孔缺陷的主要特征尤其重要。而大津分割后图像呈现 A、B 两个明显区域（如图 4.11），A 区域中各网线断裂，B 区域中网孔偏小，但在后续以网孔大小为特征的疵点识别中，这些原本正常的网孔大小将因为分割算法导致的网孔大小不一致而被判别为疵点，从而严重降低了视觉检测系统识别的准确度。而在基于明暗度的分割方法中（如图 4.12），A、B 两个区域中网格大小基本一致，分割效果良好，为网孔大小特征提取以及后续疵点识别提供了良好的基础。

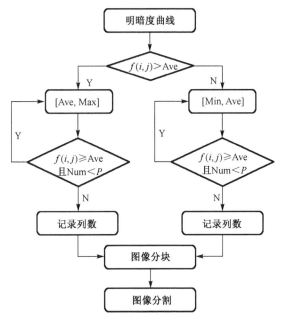

图 4.10　基于明暗度的图像分割算法流程

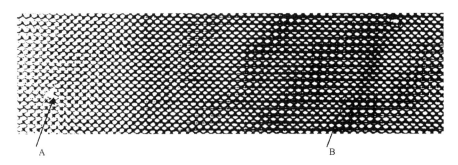

图 4.11　网孔织物大津分割效果

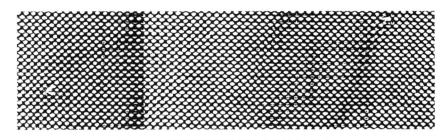

图 4.12　基于明暗度的图像分割算法效果

为了考核所提出方法的计算效率是否满足在线视觉检测系统的实时性要求，分别对大津分割与基于明暗度的分割方法的处理时间进行了比较，如表 4.4 所示。大津分割平均耗时 47ms，基于明暗度的分割方法平均耗时 31ms，同时实验表明，随着分块区域的增加，处理时间也随之增加。

表 4.4　分割算法处理时间比较

| 分　割　算　法 | 平均耗时/ms |
| --- | --- |
| 大津分割方法 | 47 |
| 基于明暗度的分割方法 | 31 |

以上实验结果表明，所提出的基于明暗度的自适应阈值分割方法对消除光照不均匀影响具有良好的效果，而且平均处理时间满足视觉检测系统的实时性要求。

3) 形态学变换

数学形态学是以图像中基本元素的形态操作为基础的图像分析工具，它的应用对于简化图像数据有着较好效果。数学形态学能对二值图像、灰度图像、彩色图像进行处理，其基本运算子包括膨胀、腐蚀、开运算、闭运算等[116]。将这四个基本运算子进行各种组合可实现更加复杂的处理，如表 4.5 所示。

表 4.5　常用的形态学算法

| 形态学算法 | 描　　　述 |
| --- | --- |
| 膨胀 | $A \oplus B = \{z \mid (B)_z \cap A \neq \varnothing\}$ |
| 腐蚀 | $A \ominus B = \{z \mid (B)_z \subseteq A\}$ |
| 开运算 | $A \circ B = (A \ominus B) \oplus B$ |
| 闭运算 | $A \bullet B = (A \oplus B) \ominus B$ |
| 击中击不中 | $A \circledast B = (A \ominus B_1) \cap (A^c \ominus B_2)$ |
| 边界提取 | $\beta(A) = A - (A \ominus B)$ |
| 区域填充 | $X_k = (X_{k-1} \oplus B) \cap A^c$ <br> $X_0 = p, k = 1, 2, 3 \cdots$ |
| 连通分量 | $X_k = (X_{k-1} \oplus B) \cap A$ <br> $X_0 = p, k = 1, 2, 3, \cdots$ |
| 凸壳 | $X_k^i = (X_{k-1}^i \circ B^c) \cup A; \ i = 1, 2, 3, 4;$ <br> $k = 1, 2, 3, \cdots; \ X_0^i = A$ |
| 细化 | $A \otimes B = A - (A \circledast B) = A \cap (A \circledast B)^c$ <br> $A \otimes \{B\} = ((\cdots((A \otimes B^1) \otimes B^2) \cdots) B^n)$ <br> $\{B\} = \{B^1, B^2, \cdots, B^n\}$ |
| 粗化 | $A @ B = A \cup (A \circledast B)$ <br> $A @ \{B\} = ((\cdots(A @ B^1) @ B^2) \cdots) @ B^n)$ |

| 形态学算法 | 描　述 |
|---|---|
| 骨架 | $S(A) = \bigcup_{k=0}^{K} S_k(A)$<br>$S_k(A) = (A\Theta kB) - [(A\Theta kB) \circ B]$<br>$A = \bigcup_{k=0}^{K} (S_k(A) \oplus kB)$ |
| 裁剪 | $X_1 = A \otimes \{B\}$<br>$X_2 = \bigcup_{k=1}^{8}(X_1 \circ B^k)$<br>$X_3 = (X_2 \oplus H) \cap A$<br>$X_4 = X_1 \cup X_3$ |

数学形态学操作具有并行处理的特点，算法效率高，在很多图像处理流程中有着较好的效果。

### 4.1.2　视觉检测算子层次模型

图像的编码多种多样，如常见的 JPEG、BMP、TIFF、GIF 等，这些格式优点各异，但是都无法直接用于在线视觉检测中的图像处理。只有设备无关位图（Device Independent Bitmap，DIB）才是绝大多数算法可以直接调用的图像格式。通常视觉检测系统的编程环境多采用 Microsoft 的 Visual C++，该开发平台方便高效，但是常用的微软基础类库（Microsoft Foundation Classes，MFC）中并没有直接可以处理 DIB 的类，这就为图像处理算法编制带来了一定困难[117]。因此，有必要专门定义了一个类 CDibImage 用以处理 DIB 图像。

数字图像处理与分析可分为图像处理、图像分析和图像理解三个层次，针对每个层次定义一个从类 CDibImage 派生的层次子类，然后每个层次对应的层次子类又根据完成的功能不同分别派生出各自的功能子类，对于每个功能子类又按照实现算法的不同再派生出不同的算法实现子类或者定义该算法实现为功能子类的成员函数。如此按照类的继承关系，逐层地把视觉检测相关的算法组成为一个有序的层次模型，其总体层次结构树如图 4.13 所示。

为了保证整个图像处理与分析类库继承关系的合理有序，类 CDibImage 的设计应从功能、父类、数据封装和继承等方面来综合考虑。

（1）功能：类 CDibImage 的基本操作功能应包括：DIB 文件的读、写操作，提供位图宽度、高度、颜色数目等位图相关信息，提供有关位图占据内存空间的信息等。

（2）父类：CObject 是大多数 MFC 类的基类，它具有很多有用的特性，支持运行时类信息、动态创建、串行化以及对象诊断输出等。从 CObject 类派生出图像处理类 CDibImage，便可轻松利用 CObject 类支持的这些特性实现类 CDibImage 的文件读写、动态创建等功能。另外，类 CObject 具有最低限度的成员数据和函数，从类 CObject 派生子类所花的代价最低。因此，采用类 CObjeet 作为类 CDibImage 的父类。

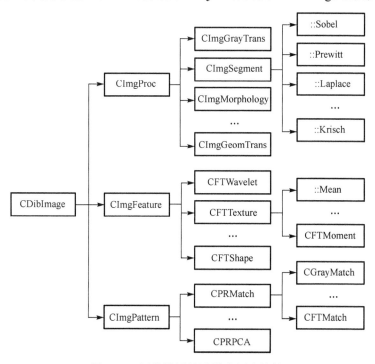

图 4.13　视觉检测算法类库层次结构

(3) 数据封装：设计类 CDibImage 时应既要尽可能地保证数据的封装与完整性，又要保证数据成员访问的高效率与方便性。

(4) 继承：将待处理的原始图像定义为类 CDibImage 的对象或指向该对象的指针，而将需要执行的图像处理与分析功能封装在类 CDibImage 对应的派生类中。由于派生类可以直接使用基类中的保护或公有成员，不需要声明，因此，在派生类中仅仅定义各种处理图像数据的函数即可，很好地实现了数据与处理的分离。

综合以上因素，给出类 CDibImage 的声明如下：

```
class CDibImage: publie CObject
{
public:
    //成员变量
    //图像数据指针
    unsigned char *m_pImgData;
    //图像颜色表指针
    LPRGBQUAD m_lpColorTable;
```

```
    //每像素占的位数
    int m_nBitCount;
    ...
    //指向 DIB 的指针
    LPBYTE m_lpDib;
    //逻辑调色板句柄
    HPALETTE m_hPalette;
    //颜色表长度(多少个表项)
    int m_nColorTableLength;
protected:
    //图像的宽, 像素为单位
    int m_nImgWidth;
    //图像的高, 像素为单位
    int m_nImgHeight;
    //图像信息头指针
    LPBITMAPINFOHEADER m_lpBmpInfoHead;
public:
    CDibImage();
    ~CDibImage();
    ...
    //成员函数
    //获取 DIB 的尺寸(宽高)
    CSize GetDimensions();
    //DIB 读函数
    BOOL Read(LPCTSTR lpszPathName);
    //DIB 写函数
    BOOL Write(LPCTSTR lpszPathName);
    //显示 DIB
    BOOL Draw(CDC* pDC, CPoint origin, CSize size);
    //用新的数据替换 DIB
    void ReplaceDib(CSize size, int nBitCount, LPRGBQUAD
        lpColorTable,unsigned char *pImgData);
    //计算颜色表的长度
    int ComputeColorTableLength(int nBitCount);
    RGBQUAD* GetRGB();
    BYTE* GetData();
    BITMAPINFO* GetInfo();
    ...
};
```

　　所有的视觉检测与分析类库定义为类 **CDibImage** 的派生类，在这些子类中完成相关的图像处理算子。以图像处理层次中的图像分割功能为例，定义图像分割子类 **CImgSegment** 如下：

```
Class CImgSegment : public CDibImage
{
public:
    CImgSegment ():
    CImgSegment(CSize size, int nBitCount, LPRGBQUAD lpColorTable,
        unsigned char *pImgData);
    ~ CImgSegment ();
public:
    //输出图像每像素位数
    int m_nBitCountOut;
    //输出图像位图数据指针
    unsigned char * m_pImgDataOut;
    //输出图像颜色表
    LPRGBQUAD m_lpColorTableOut;
private:
    //输出图像的宽
    int m_nImgWidthOut;
    //输出图像的高
    int m_nImgHeightOut;
    //输出图像颜色表长度
    int m_nColorTableLengthOut;
public:
    void AreaCount();
    void LineBlackWhite();
    //以像素为单位返回输出图像的尺寸
    CSize GetDimensionsOut();
    //大津阈值分割
    int ThreshOtus(int histArray[256]);
    //Roberts 算子
    void Roberts();
    //Sobel 算子
    void Sobel();
    //Prewitt 算子
    void Prewitt();
    //Laplace 算子
```

```
        void Laplace();
        //Krisch 算子
        void Krisch();
        //Gauss-Laplace 算子
        void GaussLaplace();
        //自定义模板检测边缘
        void EdgeByAnyMask(int *pMask, int nMaskW, int nMaskH);
        //Hough 变换
        void Hough(float fRadiusResolution, float fAngleResolution,
            float *pfRadius, float *pFAngle);
        //通过 Hough 变换检测图像中的最长线
        void LongestLineDetectByHough(float fRadiusResolution, float
            fAngleResolution);
        //通过 Hough 变换检测图像中的圆
        void CircleDetectByHough(float fResolution, float fMinDist);
        //区域生长
        void RegionGrow(CPoint ptSeed, int nThresh);
        //轮廓提取
        void ContourExtract();
        //曲线跟踪
        void ContourTrace();
    };
```

在图像分割子类 CImgSegment 中,函数 Roberts()、Sobel()、Prewitt()、Laplace()等分别对应于 Roberts、Sobel、Prewitt、Laplace 等不同的图像分割算子。而对于功能子类中有些算法相对复杂,并非一个函数可以简单实现时,可以继续从功能子类派生出一个新的算法子类用于实现该算法。如特征层次类下的纹理特征提取子类 CFTTexture,其包括均值、方差、矩特征等多种特征,因均值特征相对简单,可直接设计为 CFTTexture 的成员函数。而矩特征则包括了二阶矩、三阶矩……$N$ 阶矩,相对复杂,于是设计专门的类 CFTMoment 来提取矩特征。

### 4.1.3 视觉检测算子接口设计

视觉检测需要经过一系列的图像处理流程,每个处理流程可以分别由不同的图像处理子类来完成,而上一流程图像处理子类的输出与下一流程图像处理子类的输入相互衔接,便形成的整个视觉检测流程。每个图像处理子类的图像输入有两种方式,一是直接从其父类 CDibImage 继承而来,另一个是采用带参数的构造函数定义该子类对象时由构造参数直接传入。而图像处理子类的图像输出则主要通过其成员变量 m_pImgDataOut、m_lpColorTableOut 等输出其图像数据、颜色表等信息。于是,以上一个图像处理子类的输出图像信息为参数构造下一个图像处理子类，然后调用新的图像处理子类的成员函数完成相应的图像处理，产生新的输出图像及其信息，然后再以该新的图像信息为参数构造更进一步的图像处理子类，以此类推，形成一个图像处理子类的调用链。该视觉检测算子的接口调用与图像处理流程机制如图 4.14 所示。

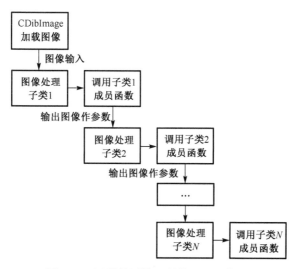

图 4.14　视觉检测算子的接口调用机制

下面以大津阈值为例说明一下检测算子间的接口与交互方式：首先由类 CImgSegment 的对象获取大津阈值算法的阈值 nThresh；然后，以原始图像的大小、像素深度、颜色表以及图像数据为参数构造类 CImgGrayTrans 的对象 grayTrans；接着，以 nThresh 为参数调用对象 grayTrans 的二值化函数 Binary 实现阈值分割；最后，显示 grayTrans 的输出图像。大津阈值的响应函数如下所示。

```
void CInspectionView::OnOtusThreshold()
{
    //获取文档类中 m_DibImage 的指针，访问当前 DIB 数据
    CInspectionDoc *pDoc=GetDocument();
    CDibImage *pDib=pDoc->GetDib();

    //只处理灰度和彩色图像
    if(pDib->m_nBitCount!=8 && pDib->m_nBitCount!=24)
    {
        ::MessageBox(0, "只处理灰度和彩色图像", MB_OK,0);
        return ;
    }
```

```
//用直方图类对象来统计直方图
//定义直方图类的对象 hist，并利用当前 DIB 数据对对象 hist 初始化
CHistogram hist(pDib->GetDimensions(), pDib->m_nBitCount,
    pDib->m_lpColorTable, pDib->m_pImgData);
//统计直方图
if(pDib->m_nBitCount == 8)
{
    hist.computeHistGray();
}
else
{
    hist.computeHistColor();
}


//用分割类对象计算直方图的大津阈值
CImgSegment segment;
int nThresh=segment.ThreshOtus(hist.m_histArray);

//以大津阈值 thresh 作为二值化分割参数，二值化图像
//定义灰度变换类 CImgGrayTrans 的对象 grayTtrans，并用当前 DIB 数据
//对其初始化
CGrayTrans grayTrans(pDib->GetDimensions(), pDib->m_nBitCount,
    pDib->m_lpColorTable, pDib->m_pImgData);
grayTrans.Binary(nThresh);

//新建视图，显示分割结果
CMainFrame* pFrame = (CMainFrame *)(AfxGetApp()->m_pMainWnd);
pFrame->SendMessage(WM_COMMAND, ID_FILE_NEW);
CInspectionView* pView=(CInspectionView*)pFrame->MDIGetActive()
    ->GetActiveView();
CInspectionDoc* pDocNew=pView->GetDocument();
CDibImage *dibNew=pDocNew->GetDib();
dibNew->ReplaceDib(grayTrans.GetDimensionsOut(), grayTrans.m_
    nBitCountOut, grayTrans.m_lpColorTableOut, grayTrans.m_
    pImgDataOut);
pView->OnInitialUpdate();
pDocNew->SetModifiedFlag(TRUE);
pDocNew->UpdateAllViews(pView);
}
```

# 4.2　基于配置信息的视觉检测流程再生

利用所开发的视觉检测算法类库,并按照视觉检测系统的需求,规划视觉检测流程,并把视觉检测算子间的接口调用链转换为配置信息,提供相应的配置信息存储与解析功能,实现视觉检测算子的搜索与匹配。

## 4.2.1　视觉检测需求分析

基于机器视觉的产品质量检测技术涵盖数字图像处理、模式识别、检测控制技术、人工智能、神经生理学等多门类学科,是多领域交叉的新兴学科[118]。由于待检测的对象存在产品规格、种类与表面特性等物理性差异,进而反映为图形与图像学上的差异,以及产品生产工艺的差异所导致的不同控制策略,故设计具有针对性且鲁棒性好、识别准确率高、测量精度高、效率高的机器视觉在线检测系统的首先任务便是需求分析。

1) 检测/测量精度

检测精度是一个相对笼统的概念,因为在不同的应用场合中,往往存在不同的应用需求。通常比较关心的是分辨率、检出率和漏检率等概念。系统的分辨率越高,就代表着对缺陷的识别能力越强,相应的检出率也会提高,而漏检率降低,则系统的检测精度较高。

2) 系统的实时性

系统的实时性要求也存在一定差异。例如在导爆管的检测中,对管径、药量进行实时检测与测量,随后将检测数据及时反馈到前端的生产设备,指导生产工艺做出相应调整,这对于企业提高良品率和产品质量有着巨大帮助。因此,在设计此类机器视觉检测系统的过程中,要对系统的实时性有一个基本判断,对其需求做出分析,在硬件选型与软件设计过程中,需要充分考虑这些因素。

3) 系统的鲁棒性

系统的鲁棒性决定着系统在同种类不同类型或规格的产品视觉检测中的适应能力,直接反映出所设计的视觉检测系统是否真正适应现代化的生产要求,能否投入使用。因为企业投资不可能只针对一款产品来购置昂贵的检测设备,即使该产品批量很大,且将长时间持续地生产,这也不符合企业追求设备利用率最大化的根本特点。势必要求在机器视觉检测系统的设计与研发过程中注重提升系统运行的鲁棒性以及不同使用环境下对象的适应性。

## 4.2.2　视觉检测流程规划

机器视觉检测是一个系统工程,通常待检测产品图像由相机采集后,以数字或模拟信号的方式送入计算机中的图像采集卡，采集卡完成图像拼接、预处理等步骤之后，传送给上层图像处理软件进行图像识别与分析，最后将所得结果以各种控制总线输出，驱动声光报警或者打标机打标，更进一步可将数据上传到 ERP 系统以指导生产工艺的改进。而计算机中的图像处理与识别是整个控制响应的基础，也是整个视觉检测系统的关键之所在。

通常图像处理与分析流程包括有图像预处理、边缘分割、特征提取、图像识别等几大步骤，每一个步骤都有它特定的功能，而且各个步骤之间又存在一定的相互衔接关系。其中，图像预处理主要是为了消除图像采集过程中所产生的噪声，改善图像可识别的质量；有时候为了增加图像中目标与背景之间的对比，有必要在特征分割与提取之前增加图像增强这一操作；图像分割则用于分离目标与背景，为后续的特征提取提供感兴趣区域；特征提取的主要工作通常是首先将经图像分割所得到的离散特征信息进行聚类，以避免由于信息离散导致的特征信息提取不准确而影响后续识别，接着提取目标对象诸如边界、纹理以及形状等信息；交由后续流程作出目标的识别或是测量；目标识别与分类则依据这些特征集，采用遗传算法、神经网络等智能算法对目标进行识别与分类。另外，在一些产品质量视觉检测系统中，缺陷的尺寸、位置及其种类等都是视觉检测系统必需的，并一同决定着待检测产品的质量优劣。因此，尺寸测量也是大多数视觉检测系统所常有的功能。最后，产品检测信息以及缺陷信息产生后，检测系统进行信息的传递与存储，并依据这些信息实施系统控制或者直接输出相应的检测报告，完成视觉检测过程。

当然，针对不同的视觉检测对象、不同的功能需求、不同的应用场合与现场环境以及不同的图像质量，所采用的处理流程以及各个处理单元不尽相同。通常的做法是通过实验比较分析，找出最佳的图像处理与分析流程，最后形成最优的程序实现。为了便于对实际图像进行处理分析，视觉检测系统重构平台提供了这样一个开放式的实验环境，通过对视觉检测算法类库中算子的各种组合，找到最佳的视觉识别方法，其流程如图 4.15 所示。

面对不同的检测对象，首先从视觉检测算法类库中选取潜在可行的算法组，送入算法选择模块，并通过连线建立这些算子之间的关系。然后，利用组合后流程对图像进行试验，并根据组合流程识别的效果、效率、接口等条件对算法进行筛选。如果可行，就重用这些算法模块生成其配置文件；否则，重新选择视觉检测算子或改变组合流程以达到最佳效果为止。下面以网孔织物为研究对象来说明基于视觉检测算法类库的检测流程规划。

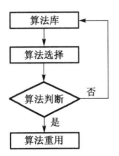

图 4.15　视觉检测流程生成

网孔织物的在线视觉检测系统主要面临如下几个问题：

（1）网孔织物的门幅不一致，需要检测织物的边界以提取织物区域图像。

（2）由于图像获取装置由生产线上的编码器信号触发成像，生产线速度的变化将导致视觉检测速度的波动。

（3）生产线上机械设备产生的网孔织物张力波动会导致网孔大小的变化。

（4）网孔织物上各破洞缺陷尺寸的差距较大，部分破洞缺陷的大小可超过单幅图像的范围。

（5）由于网孔织物自身结构的特点，织物与背景的占空比小。

针对这些问题，设计一套多相机并行处理的机器视觉在线检测系统，由多相机组成的可重构网络拓扑结构适应网孔织物门幅大小的变化。现以其中一台相机所采集图像为例，利用以上视觉检测算法类库重构适合于网孔织物视觉检测的图像处理软件。经过预处理之后（如图 4.16 所示），可以看出图像中的可视颗粒增多，与噪声十分类似，为后续处理带来一定干扰。因此，增加平滑滤波，再由阈值分割与形态学处理分离出织物的边缘与缺陷。最后提取一个个网孔的大小作为特征，由于破洞缺陷导致图像处理在该处所得到的网孔（其实是破洞，即伪网孔）尺寸很大，设定一定的阈值便可以分离出破洞的位置（如图 4.17 所示），并借助尺寸测量函数转化为实际物理尺寸，最后按照缺陷大小评价织物等级。

图 4.16　网孔织物图像预处理

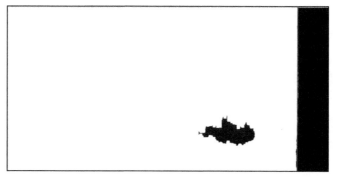

图 4.17　网孔织物缺陷分割

　　从图 4.16 中可以看出，在视觉检测过程中织物的边缘存在波动，这将会对网孔织物的门幅测量带来一定影响。于是，采用对网孔织物的边缘多次采样，然后依照厂标，对织物门幅进行测量并输出数据。其基于视觉检测类库的图像识别流程如图 4.18 所示。其中，方框中依次为缺陷识别流程中所调用的视觉检测类库中的类名，其余为对应类构造所需的关键变量名。

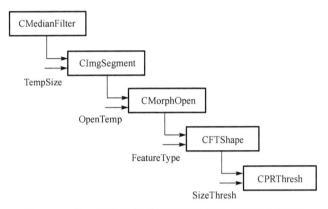

图 4.18　基于视觉检测类库的网孔织物缺陷识别流程

### 4.2.3　基于配置信息的视觉检测算子表示

　　组件是具有清晰、标准化接口并封装了实现特定功能相关信息的抽象模型。组件通过确定的接口以一定结构提供一定功能，功能特性、结构特性以及接口是组件的 3 个基本要素。其中，功能特性是组件能够提供的服务，结构特性是组件的组成、几何、物理特征等，接口即如何使用组件。而组件化则包括将具有相同或相似特性的图像处理算子进行概括和抽象，并用一组清晰、标准化的接口进行封装的一系列处理过程。以上视觉检测算法库的设计完成了视觉检测组件的组件化，为了进一步实现视觉检测流程的重构，需要采取一种机制组织与存储这些组件及其组件之间的关系，以便在重构后的运行环境可根据这些配置信息动态生成新的视觉检测系统。

　　为了表征视觉检测算子及其相互间的调用关系，首要的问题是视觉检测算子与类（即组件）的属性定义与划分。在视觉检测算法库中组件的属性特征通常包括：组件标识符、组件名称、领域范围、应用范围、使用环境、功能描述、组件类型、抽象类型、版本号以及接口特性等。采用框架槽概念可将视觉检测组件的这些属性归纳为三大类[119-121]：

　　(1)基本属性——自然属性槽。

　　(2)私有和公共接口方法属性——接口方法槽。

　　(3)组件之间的继承、聚集属性——关联属性槽。基于 UML(Unified Modeling Language)表示的组件间关系主要有继承关系、聚合关系、关联关系和依赖关系。其中，继承关系表示一般类和特殊类之间的属性、方法继承，是组件之间的纵向关系；而聚合关系、关联关系和依赖关系主要通过组件之间的接口调用来实现，表现了组件之间的横向关系。因此，可把组件之间的相互关系主要分为继承和聚集两大类。

（4）在此基础上增加规则属性槽，用于描述根据组件基本属性、关联属性进行推理的规则。于是，组件的框架属性可表示如下。

视觉检测组件：

自然属性槽（槽名、自然属性侧面名、组件自然属性值）；

关联属性槽（槽名、关联侧面名、关联属性值）；

规则属性槽（槽名、规则侧面名、规则属性值）；

接口属性槽（槽名、方法侧面名、方法属性值）。

采用巴科斯范式 BNF 可将组件的框架表示如下：

组件=<自然属性><关联属性><规则属性><接口属性>；

自然属性=<组件标识><应用层次><组件功能><使用环境><组件类型><功能描述><版本号><抽象类型>；

组件标识=<组件名称><组件标识符>；

应用层次=<图像处理|图像分析|图像理解>；

组件功能=<图像获取|图像预处理|图像分割|特征提取|对象识别|测量分析|分类|…>；

使用环境=<硬件环境><软件环境>；

组件类型=<CORBA|COM/DCO 树/COM+|EJB>；

功能描述=<私有功能><公共功能>；

抽象类型=<抽象组件|具体组件>；

关联属性=<继承><聚集>；

规则属性=<Ako（a kind of）规则><Part of 规则>；

Ako 规则=<与抽象组件相关的规则><与具体组件相关的规则>；

接口属性=<私有接口属性><公共接口属性>；

私有接口属性=<私有方法名称><参数列表><返回值><实现功能描述>；

公共接口属性=<公共方法名称><参数列表><返回值><实现功能描述>。

每个组件都由一个框架知识表示来描述，属性由槽来描述。每个槽可以有很多侧面，代表属性包含的内容；而每个侧面还可以有很多值，描述组件不同的属性值。

## 4.2.4　信息配置的存储与解析

视觉检测重构系统对视觉检测算子进行分类存储，其分类标准为视觉检测算子的功能、应用范围及其类间继承关系。根据组件应用范围的不同，通用组件库中存放支撑组件和系统组件，专用组件库存放图像检测算法组件；而专用图像视觉检测组件由按照图像处理、图像分析、图像理解的不同应用层次进行组织；然后进一步细化到按照图像处理的功能进行划分。为了便于系统功能对其中组件进行查找，同时便于新的组件集成进来，对通用和专用组件库都按照该方式进行分类，以类的继承关系以及函数的相似功能为原则进行集中管理。

组件的数据结构体现了其在视觉检测重构系统数据库的存储格式，这个格式合适与否是决定组件库是否有效的关键之一。每个组件要体现的不单单是其源代码、设计与相关分析等，更为重要的是要表达它的标识信息和特征属性描述信息，以便于对组件进行检索、链接以及维护[122]。组件的存储数据结构定义为：分类属性信息+组件标识信息+文档信息+源代码信息，如图 4.19 所示。

| 组件标识信息 | 属性信息 | | | 文档信息 | | | 源代码信息 |
|---|---|---|---|---|---|---|---|
| | 自然属性 | 关联属性 | 接口属性 | 分析文档 | 设计文档 | 测试用例 | |

图 4.19　组件存储的数据结构

其中，标识信息用于唯一标识视觉检测组件库中的组件，并表达其分类信息，可采用"组件类型_组件层次_组件功能_算子名称"之类的形式生成。分类属性信息用于描述与管理组件相关的信息及其自身固有信息，从而用于组件的匹配和检索。

组件库中采用的存储系统可以分为文件系统、关系数据库以及面向对象数据库等多种形式。由于视觉检测组件的描述非常复杂且形式多样，故单一的存储体系无法灵活地管理和存储这些组件。因此，采用关系数据库存储组件的描述部分，其他实体文件采用系统文件形式存储，并借助数据库中组件的实体文件路径或地址形成两者之间的映射链接关系。而视觉检测重构系统生成的配置信息采用配置文件维护，以建立多个视觉检测组件之间的调用链关系。该组合式组件信息存储方式如图 4.20 所示，既保留了关系数据库的高效查询性以及存储灵活性，又利用了配置文件的简单与易用性。

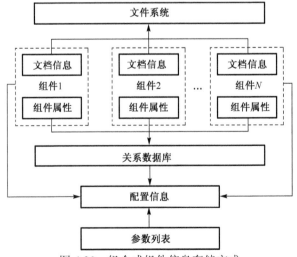

图 4.20　组合式组件信息存储方式

为了直观地表示、存储组件的属性以及组件间关系，采用类似注册表中段与键的方式来组织这些属性与关系信息。通常配置信息应该包含检测对象段、流程段与组件段三大部分。其中，检测对象段定义视觉检测的对象、待检测量或者感兴趣区域（Region of Interest，ROI），包括检测对象标识符、检测对象 ROI、待检测参数的上下限以及有关尺寸测量方面的标定参数等；一个流程段一般对应一个检测对象，给出所采用的视觉检测流程的标识符、检测对象、所需的组件以及这些组件在流程中的次序等信息；一个组件段则对应于一个视觉检测组件的实例，主要包括该组件所属的流程段标识、组件标识符、输入参数、输出参数等。每个检测对象段对应一个流程段，每个流程段依据其所包含的组件个数而管辖对应数量的组件段，从而构成了如图 4.21 所示的配置信息组织结构。

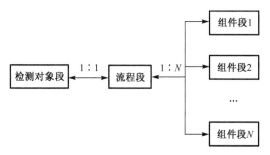

图 4.21　配置信息的组织结构示意图

按照以上设计方法，以电子接插件视觉检测为例，给出其配置文件示例如下：

```
[Object]
ObjectID=O1
ROILeft=100
ROITop=120
ROIWidth=350
ROIHeight=150
LimitUp=0.18
LimitDown=0.12
…
[Procedure]
ProcedureID=P1
ObjectID=O1
Com1=ImgO1
Com2=FtO1
Com3=PrO1
…
[Component]
```

```
ComponentID=ImgO1
ComType= CImgThresh
ProcedureID=P1
Thresh=100
…
[Component]
ComponentID=FtO1
ComType= CFTContour
ProcedureID=P1
…
[Component]
ComponentID=PrO1
ComType= CPRMeasure
ProcedureID=P1
…
```

为了提供对配置文件存储与解析的透明操作，设计了类 CConfigFile 来封装对这些配置信息的操作。主要包括针对不同数据类型的读写指定的键值，增加、删除段、键，加载、保存配置信息到指定文件等。

### 4.2.5　算子的搜索和匹配

在视觉检测配置信息解析与流程重构过程中，需要对算子进行搜索与匹配。在组件关系树中搜索时通过规则决定搜索节点的选取，借助节点的不同属性使用不同规则来找到待展开节点。在组件匹配过程中，匹配度最大的节点即为下一个待搜索的节点。

由于视觉检测组件库中组件的层次树模型的建立、组件的存储和管理都是根据功能来确定的，所以建立以功能粒度为基础的匹配方法。依照功能粒度的差异，首先匹配自然属性槽中的功能描述侧面值等粗粒度的描述，然后匹配接口属性槽中实现功能描述的侧面值等细粒度的描述。同时考虑组件所在应用层次的不同对组件检索和匹配的影响，其类型个数远小于功能属性的个数，故能够减少粗功能粒度匹配规模，有利于细功能粒度的检索。

匹配模式根据功能粗细粒度以及应用层次进行匹配：

$$N = \{ F_1, F_2, A, \text{value}\} \tag{4.3}$$

其中，$F_1$ 为自然属性槽中的功能属性集；$F_2$ 为接口属性槽中的接口功能集；$A$ 为应用层次属性值集合；value 依照粗功能、细功能、应用层次的不同分别取 1、2、3。

如果已知某一待选组件集合 $C = \{C_1, C_2, C_3, \cdots, C_m\}$，其中 $C_i (i = 1, 2, 3, \cdots, m)$ 为此组件集中的组件，定义函数 $F(C_i, C_x)$ 为匹配度，则使得 $\max\{F(C_i, C_x), C_i$

$\in C\}$ 的 $C_i$ 即为匹配组件，假如没有满足要求的 $C_i$，则需要创建一个新的组件。

依照组件的继承和聚集关联属性，在组件整个层次树的某一规则下进行搜索，则可建立以下搜索模型：

$$S = \{U, V, R, N\} \qquad (4.4)$$

其中，$U$ 为关联属性槽中继承属性值集；$V$ 为关联属性槽中聚集属性值集；$R$ 为组件框架规则属性值集；$N$ 为组件匹配模型。

为了描述扩展组件属性与待扩展节点之间的因果关系，采用产生式规则，包括条件和结论两部分，形式化表示为：

$$P_1 : P_2, P_3, \cdots, P_n \qquad (4.5)$$

组件框架主要包括 Ako 和 Part-of 两类规则。两者的区别在于：Ako 为采用主框架和子框架间的继承关系推理时所采用的规则，而 Part-of 则是组件在利用与其存在聚集关系进行推理所采用的规则。

为了快速对这种具有一定层次关系的组件进行搜索，提出了一种基于组件层次描述符的 HASH 匹配算法。由于视觉检测组件库按照图像处理层次、功能与算子进行组织，每个组件可直接连接其父类的类名以及本身的类名，形成唯一的算子层次描述符，然后设计对应的 HASH 算法以组织这些类信息。在介绍该匹配模式 HASH 表结构之前，先给出描述单个匹配模式的结构类型 PatternNode，其定义如下：

```
struct PatternNode
{
    char *          pKeyLayer;      //算子层次描述符
    unsigned int    nKeyLayer;      //算子层次描述符大小
    char *          pKeyFunc;       //算子功能描述符
    unsigned int    nKeyFunc;       //算子功能描述符大小
    ClassInfo*      pClassInfo;     //对应类信息
    PatternNode *   pNext;          //指向下一个匹配模式的指针
};
```

其中，各成员变量的意义如注释所述，结构变量 pClassInfo 封装了匹配模式对应算子的信息，pKeyLayer 为算子的层次类型，pKeyFunc 为算子的功能类型。视觉检测算法类库中的每个算子都对应于一个 PatternNode 结构的实例（即匹配模式），并把所有匹配模式组织为一个如图 4.22 所示的 HASH 表，采用链地址法处理同义词冲突，且每个 HASH 地址所指非空链表中的元素均为 PatternNode 结构类型的节点。

为了减少冲突的数量使得 HASH 地址均匀分布，并且让相同层次与功能的算子位于同一个冲突链中，选择算子层次描述符 pKeyLayer 与功能描述符 pKeyFunc 为 HASH 关键字，HASH 函数定义为：

$H$(pKeyLayer, pKeyFunc)=(unsigned short)(pKeyLayer[0]<<8+pKeyFunc[0]) (4.6)

即分别取字符串 pKeyLayer，pKeyFunc 的首字节组成一个整数。由于本 HASH 函数产生的 HASH 地址区间为 (0，0xFFFF)，定义一个 PatternNode 结构的指针类型数组：

```
PatternNode* m_HashPattern[65536];
```

其每个元素的初始值都为 NULL，凡 HASH 地址为 i 的匹配模式都被插入到头指针为 m_HashPattern[i] 的链表的链首。

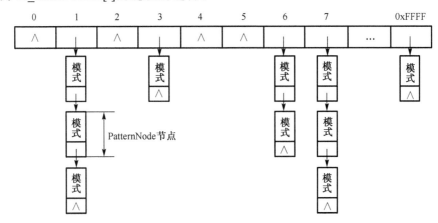

图 4.22 算子匹配模式 HASH 表结构示意图

但要检索每个算子时，取出其层次与功能描述符，调用式 (4.6) 所示 HASH 函数对算子描述符字符串进行 HASH 运算，得到相应的 HASH 地址。然后，遍历该 HASH 地址对应的链表，以该链表中每个节点的成员变量 pKeyLayer 与搜索算子层次描述符进行比较，如果不同，便匹配该链表中的下一个节点；如果相同，则再匹配其 pKeyFunc 标识符，直到找到一致的算子描述符，并取出其类信息结构变量 pClassInfo。

## 4.3 面向图像分析的特征提取与可重构

为了克服基于灰度图像匹配方法的缺点，基于特征的图像识别方法首先从待检测图像中提取含有图像重要信息的特征，用相似性度量进行图像间特征匹配或者采用智能算法实现分类识别。图像分析中常用的特征有边缘、轮廓、直线、角点以及纹理等。基于特征的图像识别对于图像的畸变、遮挡等具有一定的鲁棒性，但其性能很大程度上取决于特征提取的质量。

### 4.3.1 面向图像分析的特征提取原则

在机器视觉检测系统中，如何选择合适的特征以表达缺陷信息是整个特征识别过程的关键。特征集的选择既要凸显特征的良好区别性能，又要保证特征具有一定的共性，本身这个过程就存在一定的矛盾。因此，面向图像分析的特征集的定义与识别往往应从以下几个方面考虑。

(1)可获取性：数字图像处理整个过程都是通过计算机实现。因此，定义的特征、建立的特征集必须是计算机所能表征的。

(2)类内稳定性：检测对象的同类型缺陷应该具有较强的相似性。因此，在分析某一类缺陷样本时，对其特征描述与提取，应保证所有特征具有相似性，在数学描述上，称其为稳定性。

(3)类间差异性：缺陷的所有特征选择与描述应具有可识别性，不同缺陷的特征之间存在差异性。若不同缺陷类间差异不足以区分不同缺陷，将使得原本设计的特征集在进行识别分类时，使得缺陷特征集类间产生混淆，进而使缺陷的分类准确性变差。

### 4.3.2 面向图像分析的特征分类与描述

在数字图像处理中，拥有大量的空域、频域等特征量可用于描述所需识别的目标，例如形状、色彩、纹理、基于对象空间关系的特征以及基于语义的图像特征等。

#### 1. 统计特征

1)颜色特征

对于图像而言，最显著的视觉特征就是图像的颜色。颜色不同于图像的其他几何特征，它更加稳定，对图像中形状、图案等的大小、方向等变化不敏感。因此，基于颜色特征的图像识别技术作为最为直观的选择，也是较早得以应用的图像识别特征。

数字图像处理中，直方图是最重要的分析工具，也可用它来描述图像的颜色特征。20 世纪 90 年代初，Swain 和 Ballard 较早提出颜色索引这一重要概念，首先计算图像的颜色值，建立直方图，利用直方图就能直接算出 RGB 三种颜色在图像中所占的比例，然后将这些信息作为图像的特征，组成颜色特征集，在随后的图像搜索过程中，以这些信息作为索引，能够实现对一些色彩比较丰富的图像的识别。

颜色特征的优点主要表现在：能计算出图像中颜色特征的全局性分布，简化对不同颜色即不同信息的描述。颜色特征相对简单，能很好地对分割困难的图像进行描述，而且在处理过程中，不需要花精力去处理图像中目标、背景、不同区域的空间位置分布[123]。其缺点正好与其优点相对，颜色特征没办法描述图像中不同区域的分布，实现不了对具体对象的描述[124]。

2)纹理特征

纹理是图像另一个重要特征，将其用作可识别的图像特征，适用于内容丰富、目标与背景不容易分割的图像。纹理分析一直是学术界的研究热点，特别是在遥感图像分析中的应用最为广泛。遥感图像中往往存在着大量有相似颜色的图块，这些有颜色的图块一般为树林、湖泊、耕地、山陵、城市等，在这些图像中，颜色信息是用来分类的最重要的依据。除此之外，随着研究的不断推进，纹理特征也被用于其他类型图像的分析。常用的纹理分析方法多是基于统计方法，如灰度矩阵法、马尔科夫随机场法、小波变换法等。但是图像中的纹理本身就存在极大的差别。因此，图像纹理分析方法千差万别，在针对不同的应用对象时，需要设计出不同的数字图像纹理分析方法用于对其具体特征加以提取。

由于图像纹理特征的识别与提取是全局性的，故对图像的区域性特征描述成为可能，相比图像颜色特征提取，纹理特征不会出现由于局部偏差的存在而导致无法匹配[125-126]。另外图像纹理特征本身具有旋转不变性，而且噪声对其影响甚小。但是，一旦图像分辨率发生改变，图像的纹理特征也会随之出现偏差。表 4.6 给出了一些常用的图像纹理特征。

表 4.6　常用的图像纹理特征

| 纹 理 特 征 | 描　　　述 |
| --- | --- |
| $k$ 阶中心矩 | $\mu_k = \sum_n n^k p(n)$ |
| $k$ 阶非中心矩 | $\tilde{\mu} = \sum_n n(n-\mu_1)^k p(n)$ |
| 均值 | $\mu_1$ |
| 方差 | $\sigma^2 = \tilde{\mu}^2$ |
| 偏态 | $\gamma_1 = \dfrac{\tilde{\mu}^3}{\sigma^3}$ |
| 峰态 | $\gamma_2 = \dfrac{\tilde{\mu}^4}{\sigma^4} - 3$ |
| 能量 | $W = \sum_n |p(n)|^2$ |
| 对比度 | $C = \dfrac{\max(n) - \min(n)}{\max(n) + \min(n)}$ |
| 熵 | $E = -\sum_n p(n)\lg(p(n))$ |
| 动态范围 | $D = \max(n) - \min(n)$ |
| 均方差系数 | $v = \dfrac{\mu}{\sigma}$ |
| 奇异点统计 | 在窗内寻找感兴趣点的平均密度 |
| 投影 | $f(i) = \sum_j g(i,j), \qquad f(j) = \sum_i g(i,j)$ |

2. 形状特征

形状特征是人眼对物体、图像进行识别最重要的一种信息。图像的形状信息不同于颜色特征，它更加稳定，不会因为光照、曝光、颜色等图像特征的变化而产生变化。基于数字图像内目标形状的特征进行识别最大的难题在于如何区分目标与背景，如何进行图像分割，这是机器视觉技术中最大的技术困难之一，迄今尚无可遵循、可沿用的解决方法。

基于形状特征的提取方法，其好处在于能够直接对图像中某个感兴趣的区域单独抽取出来加以研究，对于图像的整体性把握更好[127]。但如果图像中出现了畸变，目标出现变形，该方法用于描述图像特征的稳定性将受到极大影响。而且，既然是对图像进行全局的提取，那么这种方法在时效性上较差，同时对计算机的存储空间需求较大[128-129]。常用的图像形状特征如表 4.7 所示。

表 4.7　常用的图像形状特征

| 形　状　特　征 | 描　　　　述 |
|---|---|
| 区域起始点 | $(x_0, y_0)$ 作为起始点 |
| 区域结束点 | $(x_e, y_e)$ 作为结束点 |
| 区域宽度 | $\text{Width} = \max\limits_i \left( \sum\limits_{k=1}^{i} a_{kx} + x_0 \right) - \min\limits_i \left( \sum\limits_{k=1}^{i} a_{kx} + x_0 \right)$ |
| 区域高度 | $\text{Height} = \max\limits_i \left( \sum\limits_{k=1}^{i} a_{ky} + y_0 \right) - \min\limits_i \left( \sum\limits_{k=1}^{i} a_{ky} + y_0 \right)$ |
| 区域面积 | $S = \sum\limits_{i=1}^{n} a_{ix}(y_{i-1} + a_{iy} / 2), \quad y_i = \sum\limits_{k=1}^{i} a_{ky} + y_0$ |
| 区域中心 | $\text{CenX} = \lfloor (\text{Width} + 1) / 2 + x_0 \rfloor$ <br> $\text{CenY} = \lfloor (\text{Height} + 1) / 2 + y_0 \rfloor$ |
| 区域重心 | $\text{BaryCenX} = \dfrac{\sum\limits_{i=0}^{N} a_{ix} f(i)}{\sum\limits_{i=0}^{N} f(i)} + x_0$ <br><br> $\text{BaryCenY} = \dfrac{\sum\limits_{i=0}^{N} a_{iy} f(i)}{\sum\limits_{i=0}^{N} f(i)} + y_0$ |
| 圆形度 | $\text{ShortX} = \max\limits_{i,j}\{a_{ix} - a_{jx}\}$ <br> $\text{ShortY} = \max\limits_{i,j}\{a_{iy} - a_{jy}\}$ <br> $\text{CircularitY} = \text{ShortY} / \text{ShortX}$ |
| 区域方向 | $\theta = a\tan\left( \dfrac{a_{my} - a_{ny}}{a_{mx} - a_{nx}} \right)$ <br><br> $\sqrt{(a_{my} - a_{ny})^2 + (a_{mx} - a_{nx})^2} \geqslant \sqrt{(a_{iy} - a_{jy})^2 + (a_{ix} - a_{jx})^2}, \quad \forall i, j \leqslant N$ |
| 边界周长 | $L = n_e + n_o \sqrt{2}$ |
| 致密性 | $\gamma = L^2 / S$ |
| 密度 | $\rho = \dfrac{S}{\text{Width} \times \text{Height}}$ |

| 形 状 特 征 | 描　　　述 |
| --- | --- |
| 统计矩 | $\mu_n(v) = \sum_{i=0}^{K-1} (v_i - m)^n p(v_i)$<br>其中 $m$ 是 $v$ 的均值，$\mu_2$ 是它的方差 |

### 3. 语义特征

1）基于对象空间关系的特征

利用图像中元素的相互空间关系特征来进行图像分析，更容易建立基于图像信息的特征索引方法，长期以来一直是建立用于图像索引与搜索的图像特征集的首要任务。但这里面充满困难，毕竟图像是平面的，而所拍摄景象是立体的，如何在二者之间建立精确的尺度与映射关系十分棘手。因此，现有的研究大多只能以空间关系定性的图像进行图像识别[130]。

利用图像中元素的相互空间关系对图像进行分析的优点在于对静止图像的效果较好，而一旦遇到图像发生任何形式的变化都将直接影响该方法的有效性[131-132]。

2）基于语义的图像特征

利用颜色、纹理、形状、空间关系等量来对图像特征进行定性或者定量分析，已经发展多年，但结果却不尽人意，主要原因是人类有着复杂的大脑去分析、理解图像，而计算机则不行。为解决这一题难，研究人员引入了"语义特征"[133]这一概念，对图像特征进行识别。语义特征属于高层次的特征，更符合人类思维。基于语义的图像特征分析、识别相对于其他几种方法更复杂，长期以来都是图像识别领域的主要研究方向。基于语义特征的图像识别方法的核心问题是对语义的有效提取。它需要解决两个首要的关键问题：

（1）语义特征本身具有"模糊性"，基于语义特征的图像提取首要解决的问题是如何处理这种"模糊化"。

（2）语义特征可以看作是人眼视觉的延伸，是人理解能力的模仿，要教会计算机理解图像。

尽管基于语义特征的图像提取更加符合人类的思维习惯，也更接近人类对图像的理解，但是要真正实现以上两点，特别是第二点难度较高。

### 4.3.3　机器视觉检测的特征提取方法

通过以上分析可以发现，统计量是图像特征描述的主力，它们能够实现对图像各种特征的定量描述。尽管精确性、效率上存在一定问题，但是多统计量的综合作用，还是能够有效地解决图像特征识别与提取。本书着眼于流水线上不间断运动的连续产品视觉检测应用，以粘扣带、导爆管以及网孔织物为例介绍产品视觉检测中的特征提取方法。

1. 粘扣带纹理特征

描述图像的纹理特征在统计学中被认为是一个单元集，单元集的组成元素被称为纹理单元。每个纹理单元具有两个组成部分，即具体像素和局部纹理信息。纹理光谱法最早是由 HE 和 Wang 提出来的。被研究的图像特点由纹理光谱来描述。比如，在一副井字形的光栅数字图像中，每个像素的周围都有 8 个像素围绕，如果想要知道中间像素的局部纹理信息，则可以从它周围 8 个像素中提取得到，这样就形成了 3×3 的井字形结构，这个井字形结构的中间为所关心的像素，井字形结构的 8 个区域就是能够获得纹理光谱信息的最小元素。在给出的 3×3 的井字中包含了 9 个基本点。如果用 $V$ 表示该井字，则 $V=\{V_0, V_1, V_2, \cdots, V_8\}$。在这里 $V_i$ $(i=0, 1, \cdots, 8)$表示在领域中的第 $i$ 个元素的灰度级，$V_0$ 表示中央像素的灰度级。且在井字中外围 8 个元素总是按照统一顺序排列，下标则用来表示像素在井字中所在位置。这样每个像素的纹理单元 TU 可以定义如下：

$$TU = \{E_0, E_1, E_2, \cdots, E_8\} \tag{4.6}$$

其中，$E_i = (i = 1, 2, \cdots, 8)$可以通过式(4.7)表示：

$$E_i = \begin{cases} 0, & \text{当} V_i < V_0 \text{时} \\ 1, & \text{当} V_i = V_0 \text{时} \\ 2, & \text{当} V_i > V_0 \text{时} \end{cases} \tag{4.7}$$

在式(4.6)中，元素 $E_i$ 处在 $i$ 所对应的位置。在纹理单元 TU 中，每个 TU 值都有三种情况，所以外围元素组合方式有 6561 种可能。为了把纹理单元的顺序确定下来，对位置作如下规定：

$$N_{TU} = 3^{i-1} E_i, \quad i = 1, 2, 3, \cdots, 8 \tag{4.8}$$

其中，$N_{TU}$ 表示纹理单元的顺序编号，每个编号可以描述某个像素的纹理特征，该编号表示了中间点和外围像素点的相对灰度级关系。

图 4.23 分别给出了粘扣带的断经、油污、脱线等几种常见的缺陷图像，从图中可以看出，正常的粘扣带表现出很规律的纹理单元，一旦出现以上缺陷，粘扣带的纹理特性就被破坏[134]。因此，按照以上方法，提取纹理单元 TU 值，找出纹理单元 TU 值的奇异点，即为缺陷部位所在。

2. 导爆管统计特征

在导爆管的加工过程中，单位时间注入塑料管的药量是确定的，导爆管填充物的均匀性取决于塑料管生产的速度。正常情况下单位时间灌装的药量是恒定值，如果塑料管生产速度快慢不均匀，则导致导爆管中药量也会不均匀。如塑料管生产速度大于平均值，则导爆管少药；生产速度小于平均速度，则多药，其不同药量下的图像比较如图 4.24 所示。

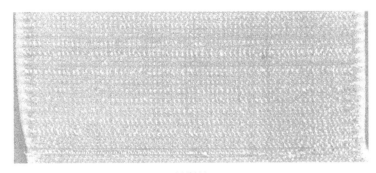

(a)断经

(b)油污

(c)脱线

图 4.23　粘扣带常见缺陷图像

为了对导爆管灌装药粉过程实施实时检测和控制，提出了一种基于机器视觉的导爆管药量检测方案。该方案采用工业相机获取生产过程中导爆管的灰度值，计算不同的火药量所对应的灰度值，并最终根据工业相机采集到的图像的像素灰度判断多药与少药故障，从而控制药量灌装过程。

(a)药量偏少　　　　　　　　　(b)药量合适　　　　　　　　　(c)药量偏多

图 4.24　不同药量下的导爆管图像对比

为了实现导爆管的药量检测，关键的问题是要建立火药量和导爆管区域的图像灰度值之间的映射关系。其实现过程包括以下步骤：

(1)取一段某型号的合格导爆管 $T_0$，通过线扫描相机采集其图像并计算其每帧的平均灰度值，重复 5 到 10 次，取其中的最大值 $G_{0max}$、最小值 $G_{0min}$，以及平均值 $G_{0avg}$。

(2)使用专业设备吹出导爆管 $T_0$ 中的火药粉并收集到容器中，称量容器得到导爆管 $T_0$ 中火药粉的重量 $M_0$。

(3)分别从生产现场取不同型号的导爆管 $T_n$，重复前两个过程，计算出对应的灰度值 $G_{nmax}$、$G_{nmin}$、$G_{navg}$ 以及重量 $M_n$。

(4)基于以上样本，借助数学统计方法计算得到以克为单位的连续药量值与灰度值的对应关系表。

尽管操作比较烦琐，但是样本的范围广、合格率高，由此而建立的火药灰度值与药量值的映射关系才具有客观性和精确性。为此，设计了一种基于最小二乘法的药量检测算法，该算法采用合格样本法采集有限的样本数据，选择精度最高的预测函数建立灰度与药量的对应关系。该算法的具体流程如下：

(1)读取图像 $f_i(x, y)$，获取目标区域中每个像素点的灰度值 $\text{Gray}(s, t)$。

(2)利用式(4.9)计算每帧图像中导爆管的平均灰度值 $E_i$。

$$E_i = \frac{\sum\limits_{s \leqslant N}\sum\limits_{t \leqslant N} \text{Gray}(s,t)}{MN} \tag{4.9}$$

(3)统计导爆管的总帧数 $F$，计算这段导爆管的平均灰度值 $E$，最大灰度值 $E_{max}$ 以及最小灰度值 $E_{min}$。

$$E = \frac{\sum E_i}{F} \tag{4.10}$$

$$E_{\max} = \max\{E_1, E_2, \cdots, E_F\} \tag{4.11}$$

$$E_{\min} = \min\{E_1, E_2, \cdots, E_F\} \tag{4.12}$$

(4) 记录 $E$、$E_{\max}$、$E_{\min}$ 及其药量 $m$。

(5) 取不同药量的标准导爆管，如 6mg、9mg、12mg、15mg、18mg、21mg、24mg 和 27mg，重复步骤 (1)~(4)，分别计算其灰度值，得到表 4.8 所示的结果。

表 4.8　不同药量对应的图像灰度表

| 药量/mg | 灰度上限 | 灰度下限 | 平均灰度 |
| --- | --- | --- | --- |
| 6 | 161 | 160 | 160 |
| 9 | 155 | 154 | 154 |
| 12 | 146 | 137 | 139 |
| 15 | 123 | 119 | 121 |
| 18 | 106 | 98 | 102 |
| 21 | 88 | 85 | 87 |
| 24 | 74 | 69 | 71 |
| 27 | 56 | 54 | 56 |

(6) 以药量为横坐标，平均灰度为纵坐标，将表 4.8 转化为二维散点图，如图 4.25(a) 所示。

(7) 从图 4.25(a) 可以发现，随着 $x$ 的增加，$y$ 逐渐减少。符合给定数据关系的函数有一阶线性函数、二阶线性函数、三阶线性函数以及幂函数等。使用 MATLAB 对该组数据进行曲线拟合[135]，曲线拟合结果如图 4.25(b)~(e) 所示。

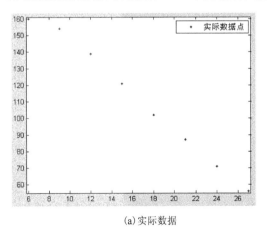

(a) 实际数据

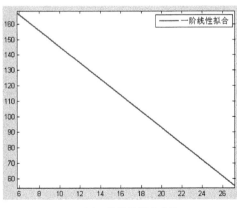

(b) 一阶线性拟合曲线

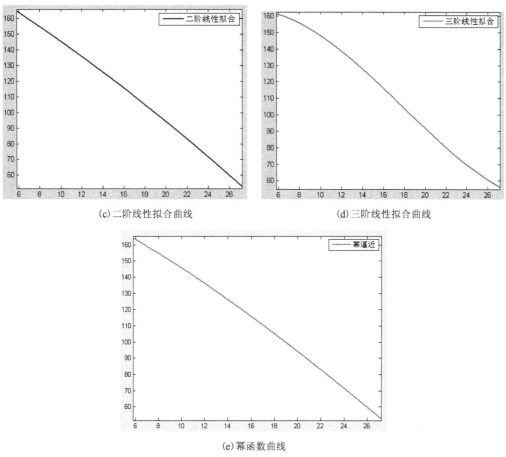

(c)二阶线性拟合曲线　　　　　　　　　　(d)三阶线性拟合曲线

(e)幂函数曲线

图 4.25　四种函数的药量与灰度拟合曲线

为了评价各拟合函数的优劣，通过 MATLAB 计算每种拟合函数的误差，如表 4.9 所示。

表 4.9　四种曲线拟合的误差

| 拟 合 函 数 | 误差平方和 |
| --- | --- |
| 一阶线性函数 | 75.48 |
| 二阶线性函数 | 56.81 |
| 三阶线性函数 | 12.63 |
| 幂函数 | 50.73 |

从表 4.9 可知，线性拟合函数的阶数越大，误差平方和越小，即拟合结果越能够描述药量与灰度间的对应关系。而且，线性拟合从三阶开始效果优于幂函数拟合。虽然高阶拟合的误差更小，但高阶拟合所带来的计算量增加不可忽视。比较四种拟合方式，并综合考虑精确性和实时性，选择三阶线性多项式进行曲线拟合。

通过 MATLAB 进行仿真，计算出该三阶线性多项式，如式(4.13)所示。

$$f(x) = 0.0101x^3 - 0.537x^2 + 3.401x + 157.7 \tag{4.13}$$

(8)根据式(4.13)计算出 5mg 到 28mg 所有药量对应的平均灰度值。重复步骤 (5)～(8)，计算出所有的上限灰度和下限灰度。部分计算结果如表 4.10 所示。

表 4.10　三阶线性拟合的药量与灰度的映射关系

| 药量 | 灰度上限 | 灰度下限 | 灰度值 | 药量 | 灰度上限 | 灰度下限 | 灰度值 |
|---|---|---|---|---|---|---|---|
| 5 | 163 | 163 | 163 | 17 | 113 | 107 | 110 |
| 6 | 161 | 160 | 160 | 18 | 106 | 98 | 102 |
| 7 | 160 | 159 | 159 | 19 | 100 | 95 | 98 |
| 8 | 158 | 155 | 156 | 20 | 94 | 89 | 92 |
| 9 | 155 | 154 | 154 | 21 | 88 | 87 | 86 |
| 10 | 152 | 147 | 148 | 22 | 82 | 78 | 80 |
| 11 | 148 | 142 | 144 | 23 | 77 | 72 | 75 |
| 12 | 146 | 137 | 139 | 24 | 74 | 71 | 69 |
| 13 | 137 | 131 | 133 | 25 | 67 | 63 | 65 |
| 14 | 132 | 126 | 128 | 26 | 63 | 59 | 61 |
| 15 | 123 | 119 | 121 | 27 | 59 | 54 | 56 |
| 16 | 120 | 114 | 116 | 28 | 58 | 52 | 54 |

另外，生产塑料管的生产设备需要在塑料管上加载一定的张力，由于张力的波动可能导致生产出的塑料导爆管自身直径有大有小。如果导爆管直径太小，可能出现产品质量问题，甚至导爆管被生产设备拉断，导致生产运行故障。因此，需要检测生产中的塑料管直径，避免产品质量问题。同样采用基于 CCD 的导爆管管径测量方法，首先在一副导爆管图像中分割出导爆管的边缘，得到十分清晰的图像边缘。为了获取精确的导爆管直径值，采用线阵 CCD 亚像素测量细小管径的方法，得到逻辑像素分辨率，然后依据相机的标定参数把逻辑像素值转换为实际物理直径值。图 4.26 给出了导爆管管径测量的流程。

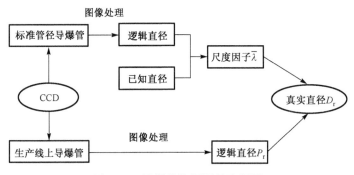

图 4.26　导爆管管径测量流程图

3. 网孔织物特征

网孔织物上存在的缺陷种类相对简单，但是尺寸跨度则非常大。主要缺陷有以下三种：破损、污迹、网眼稀密度，如图 4.27 所示。污迹与破损二者在图像上的形态相近，灰度值的差距也很小。网眼稀密度则是由于织造工艺产生，犹如周期信号上出现的畸变。

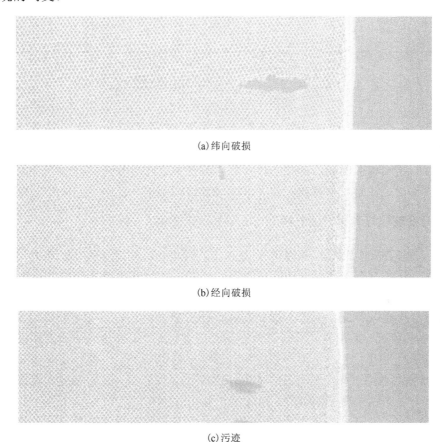

(a) 纬向破损

(b) 经向破损

(c) 污迹

图 4.27　网孔织物的缺陷图

破损根据其方向可分为两大类：经向破损和纬向破损，二者产生原因类似，但是在后期处理上却存在较大差距。因此，检测中需要用各自的统计量来区分。从图 4.27 可以看出，污迹通常是在正常纹理的织物上由于外界物质沾染所形成，破损则不同，此时破损区域内的网孔已"消失"，边缘部分纹理剧变。因此，使用纹理特征作为重要参考，以期对污迹、破损等缺陷作出分类。网孔织物分类器使用的特征如表 4.11 所示。

表 4.11 网孔织物的特征选取

| 特 征 类 别 | 特 征 量 |
|---|---|
| 统计特征 | 单一网孔大小 |
| | 平均网孔大小 |
| | 疵点长宽比 |
| | 疵点面积 |
| 纹理特征 | 能量 |
| | 对比度 |
| | 熵 |

# 4.4　基于遗传算法的特征解耦与选择

产品缺陷的识别、分类是整个视觉检测系统的核心和基础,而特征是决定相似性与分类的关键。但特征并非越多越好,而且许多特征不是独立的,具有冗余度,影响识别的速度和准确性。因此,特征选择就是要去除与分类目标无关的或与其他特征有较高相关性的冗余特征,从而形成最优特征子集,以指导分类器的设计。

## 4.4.1　特征解耦与选择方法分析

当人们对客观事物进行数据采集时,为了不会丢失信息,通常会采集多而全的数据,这样做会导致初始特征的维数很高。因此,在这些采集到的初始特征里存在许多与分类不相关的以及冗余的特征量。根据所提取的特征对分类是否有作用,初始特征可分为相关特征、无关特征和冗余特征三种。

(1)相关特征:是指包含有很显著的分类信息,且如果把这类特征去掉将导致分类错误率明显上升。也就是说相关特征能够很好地将各个模式类相互区分开来。

(2)无关特征:是指不含有任何有利于分类信息的特征,且如果把这类特征去掉不会影响对各个模式类别的分类。

(3)冗余特征:是指含有部分的分类信息,而且这些信息也重复出现在其他的相关特征里。这些初始特征对分类有很大的负作用,随着特征空间维数的增长,后端分器器的设计将变得更加复杂且运行性能也将越来越差。

因此,为了实现有效的分类,视觉检测分类前需要对各种各样模式类别的初始特征作出转换,解耦出最具分类本质的、能够得到有效应用的相关特征。与高维的特征空间相比,在相对较低维的情况下,提取出的特征可以迅速地将各个模式类别区分开来,很大程度上提高了产品视觉检测分类器的性能,从而解决大量的实际问题。总之,从众多初始特征中优选出最有效的特征以降低特征空间维数,进而提高分类器实际分类性能,是特征解耦的主要目的。

特征解耦的定义：为了达到降低特征空间维数的目的，依照某种评价准则，从一组数量为 $N$ 的初始特征集中挑选出最有效的 $n(n < N)$ 个特征。其具体的数学描述为：根据选定的优化准则，从集合 $\{x_1, x_2, \cdots, x_N\}$ 中的 $N$ 个特征元素中求出最优子集，从而达到解耦 $(n$ 维，$n < N)$ 的目的。显而易见，特征解耦指的是从待选特征集合中根据相关准则，求出集合中最优子集的这一求解过程，求出的特征子集包含了适用于模式分类的全部或者大部分的相关信息。

从以上定义可以看出，特征解耦与选择问题实质是一个组合优化问题，同时也是一个多目标优化问题，需要解决两个问题：一个是制定特征选择的准则，即判断所选择特征子集可分性最大的判据；另一个是较好的搜索算法，以便在较短的时间内找到最优的一组特征。其中好的搜索算法是特征选择问题中需要解决的关键问题。常规的优化算法，如解析法只能得到局部最优而非全局最优解，且要求目标函数连续与可微；枚举法虽然克服了以上缺点，但运行效率低。而遗传算法是建立在自然界选择和遗传变异基础上的自适应概率性搜索算法，易于跳出局部次优解，且不需建立优化方程。由于评价准则跟学习算法类型有关，基于特征解耦与选择所包括的搜索策略、评价判据和机器学习算法类型三大要素，将主要的特征解耦算法分类如下。

### 1. 搜索策略

特征选择搜索策略是指利用某种方法进行搜索找到符合特征评价判据的特征子集。其结果可能是最优或者次优的，也可能是一个或者一组。特征解耦算法的搜索策略可分为：完全搜索、启发式搜索以及随机搜索。

#### 1) 完全搜索

完全搜索是计算每种可能的特征子集的特征选择度量，找到符合给定判据的最优特征子集。穷尽搜索属于完全搜索中的一种，通过利用一些启发式搜索函数可以有效减少搜索特征的维数，以此得到最优的特征子集。

#### 2) 启发式搜索

基于特定准则找到相应的次优特征子集，即在最优性与计算量二者之间寻求一个合适的搜索方案。启发式搜索方法可以使算法大大简单化，使之执行和搜索的速率大大地增加。其中，顺序搜索是最基本的启发式搜索策略，如顺序前进法、顺序后退法、广义顺序前进法、广义顺序后退法、增 L 减 R 法、顺序浮动前进与后退法、Relief 方法以及决策树法等。

#### 3) 随机搜索

随机搜索方法是在有效的时间或者次数内随机地选择特征子集来做判据，和当前的特征子集无关。依据实际经验设置一个最大的循环次数，在搜索的过程中循环次数不会超过这一数值，一旦达到该上限，那么搜索过程就结束，即可得到最优特征子集。遗传算法、蚁群算法、微粒群算法等是常用的随机搜索算法。

在实际的搜索过程中，应综合考虑各方面因素，以尽量简化计算过程使得全局最优化为准则选择最适合的搜索策略。穷尽搜索由于搜索效率很低而在实际场合中很少用到。分支定界法也可以在较短时间里找到全局最优解，但其搜索过程很复杂。顺序前进法和顺序后退法这两种方法一方面大大地提高了搜索的效率，但是另一方面却以牺牲全局最优化为代价。因此，在决策解耦搜索策略时，需要综合考虑实际工程问题和采用的评价标准等要素，在搜索效率和最优性二者之间寻找一个最佳平衡。

2. 评价判据

评价判据的作用是评价解耦过程所产生的特征子集的优劣。在搜索过程中，基于某种特定评判标准来评价并与最优特征子集相比较，得到待选特征子集。根据学习算法的不同，可划分为与学习算法相关和与学习算法无关的判据两类。

1) 与学习算法无关的判据

依据训练数据的内在属性来对所要解耦的特征子集进行评价。也就是与具体的分类算法无关，因此其在不同的分类算法之间的推广能力较强，而且计算量也较小。通常会应用在过滤模式的特征解耦算法中。以下详细介绍三个常用的评价判据。

(1) 类内类间距离判据。

基于距离的可分性判据是人们常用来进行分类的重要依据。通常情况下，同类物体在特征空间呈聚类状态，即整体而言同类物体内各样本具有共性。各类数据样本位于特征空间中的不同区域，显然要保持类内样本间距离小而跨类样本间距离尽可能大，该方法可以得到表示两个类区距离的信息。同类样本之间的距离尽量小，不同类样本之间的距离尽量大，那么最后分类效果也最好，有利于视觉检测系统中各类图像信息的分析、识别和分类处理。

为了达到类内距离小而类间距离大的目的，判据函数定义如下：

$$
\begin{aligned}
J_1 &= \frac{J_b}{J_\omega} = \frac{\mathrm{tr}(S_b)}{\mathrm{tr}(S_\omega)} \\
J_2 &= \mathrm{tr}(S_\omega^{-1} S_b) \\
J_3 &= \mathrm{In}(S_\omega^{-1} S_b) \\
J_4 &= \mathrm{tr}(S_\omega^{-1} S_t) \\
J_5 &= \mathrm{In}(S_\omega^{-1} S_t)
\end{aligned}
\tag{4.14}
$$

其中，$J_b$ 为类间总平均平方距离；$J_\omega$ 表示类内总平均平方距离；$S_b$ 为类间总散射矩阵；$S_\omega$ 为类内总散射矩阵；$S_t$ 为所有样本的总散射矩阵。为获得高效的分类，$J_1 \sim J_5$ 的值越大越好。类内类间距离的可分性判据原理直观，计算简便，但由于该方法没有考虑概率分布，当各类样本中出现部分交迭分布时，就无法明确与错误概率间的关系。

(2) 基于概率分布的可分性判据。

该方法更多地考虑到增加了分布概率的问题，假设 $p(x|\omega_1)$ 和 $p(x|\omega_2)$ 为其中的两类概率密度分布函数。如果先验概率相等，若对所有使 $p(x|\omega_2) \neq 0$ 的点有 $p(x|\omega_1) = 0$，那么这两种概率就看作完全可分；而如果对所有 $x$ 都有 $p(x|\omega_1) = p(x|\omega_2)$，那么认为两类概率为完全不可分。由此可见，可分性可以使用这两类概率密度函数的相似程度来度量。通过上述分析判断可知，判据函数 $J(\cdot)$ 应该是各类的类概率密度和先验概率的函数。这两类情况下判据函数 $J(\cdot)$ 的一般式可表示为：

$$J(\cdot) = \int f(p(x|\omega_1), p(x|\omega_2), p(\omega_1), p(\omega_2)) \, \mathrm{d}x \tag{4.15}$$

Bhattacharyya 距离、Chernoff 界限和散度为常用的概率距离度量。

(3) 基于信息熵的评价判据。

贝叶斯分类器通过一个不同类型的样本来确定后验概率，并通过特征的后验概率分布来判断分类效果的优良。后验概率分布越集中，那么分类错误的概率也越小；后验概率分布越平缓，那么分类错误的概率就越大。为了判断后验概率分布的集中性，通过信息论中的熵函数来设定一个定量指标。在信息论中用"熵"作为不确定性的度量，它为 $p(x|\omega_1), p(x|\omega_2), \cdots, p(x|\omega_c)$ 的函数，即：

$$H = J_C[p(\omega_1|x), \cdots, p(\omega_c|x)] \tag{4.16}$$

根据 L'Hospital 法则，由广义熵可得 Shannon 熵：

$$H(x) = -\sum_{i=1}^{c} P(\omega_i|x) \log_2 P(\omega_i|x) \tag{4.17}$$

在特征提取的过程中，选用有最小不确定性的特征来进行分类效果是最佳的。信息增益、最小描述长度、互信息等是基于信息熵的有代表性的评价准则。

2) 与学习算法相关的判据

先确定一学习算法，然后以此算法作为评判标准，这样的过程即为与学习算法相关的判据。针对确定的学习算法，通常能够找到优于过滤模式的特征子集，然而由于在评价的过程中应用了具体的分类算法进行分类，因此其推广到其他分类算法的效果可能较差，而且计算量也较大。该准则通常应用在封装模式的特征解耦算法中。

3. 机器学习算法类型

机器学习是一种通过数据或以往的经验自动改进和优化计算算法的研究，包括监督和无监督两种特征解耦方式。其中对于有监督的特征解耦，通过利用分类准确率可以提取出比较理想的特征子集。然而对于无监督的特征解耦而言，通常应用特定的聚类算法对特征子集进行相应的评价。

### 4.4.2　基于遗传算法的特征解耦方法

图像纹理是图像中普遍存在而又难以描述的视觉感知特征。纹理研究由于其微观异构性、复杂性以及应用的广泛性与概念的不明确性等仍面临着重重困难。而提取纹理特征的根本目的是为了使其特征维数降低、鉴别能力强、稳健性好、计算量变小,以有效地指导实际工程运用。

以织物图像的纹理特征提取与选择为例,介绍基于遗传算法的特征解耦方法。其中,织物纹理特征的提取主要利用灰度共生矩阵与灰度-梯度共生矩阵等不同提取方法。

(1)为了更直观地描述图像纹理特性,采用一些参数包括能量、对比度、熵、逆差矩、相关性以及二阶矩等来表征图像纹理灰度的空间相关特征,这种统计方法称为灰度共生矩阵。在计算这些特征之前,需先根据织物纹理的周期性找出表达织物纹理特征的最小单元,具体可分别以 3×3, 4×4, ⋯, 30×30 等不同的模板大小计算经向、纬向、45°和 135°这四个方向的特征值,并取平均,然后分析不同模板下纹理特征的波动情况以确定最佳的模板大小。

(2)利用灰度和梯度的综合信息提取图像纹理特征的方法称为灰度-梯度共生矩阵。它可以直观地表征像素灰度与梯度的分布规律和各相邻像素之间的空间关系。主要从梯度的方向和大小来反映灰度-梯度空间纹理的方向性。表征灰度-梯度共生矩阵特性的主要参数包括能量、梯度平均值、梯度方差、灰度熵与梯度熵等。通过以上方法分别选取这两类特征共 30 个组成原始特征集。

接着采用遗传算法对选取的 30 种纹理特征进行解耦,去除特征集中的强相关性与冗余信息,以选择最佳纹理特征。首先,产生任意纹理特征的组合,对这些纹理特征组合进行编码以形成一个染色体个体,重复该过程直到产生足够多的个体以形成种群。然后,选择适当的适应度函数,从种群中以一定选择算法选择出优势个体并按一定概率进行复制、杂交、变异等算子操作产生新一代种群个体。重复以上过程直到成功收敛或达到最大迭代次数退出循环,最后得到的最佳个体便对应一组最优的纹理特征集。基于遗传算法的特征解耦流程如图 4.28 所示。

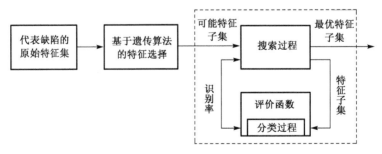

图 4.28　基于遗传算法的特征解耦流程

遗传算法能否成功的关键主要依赖于适应度函数的合适选择。遗传算法在进化搜索中仅以适应度函数为依据，不断校正问题的解空间，以使其进化到最优解或近似最优解的空间。一般的方法是构造一个与现实问题相联系的评估函数，常用的有基于相关性的方法、基于一致性的方法等。当所选的特征使得各类缺陷位于特征空间的不同区域，且不同类之间的距离越大，同类之间的距离越小，则缺陷的分类效果越好。因此，以各类缺陷的类内与类间的距离作为适应度函数，并对所有的特征值进行归一化处理以消除特征值的量纲对适应度计算的影响。

特征子集选择是为了利用少量的特征达到相同或更好的分类效果。因此，适应度的评价包含验证的准确率和使用的特征数量。特征子集的评价过程主要分为四步：问题空间选取、数据压缩、分类及识别、适应度评价，其评价流程如图 4.29 所示。

图 4.29　特征子集的评价流程

（1）为待分类的问题空间选取一定数量的特征组成初始群体。其中，若干特征项组成一个遗传个体，若干个体组成初始种群，每个个体即是一个可能的最优特征子集。

（2）从该类的完全特征项所组成的各已知分类的训练集中删去未在所选特征子集中出现的特征项，进而得到各压缩后的训练集。

（3）对压缩后的各训练集，调用分类及识别程序进行分类，看是否能将其分回到各个已知的正确类别中。如果所有已知分类的训练集均未能被正确分类，则说明所选特征子集不具有良好的分类贡献度，因此定义该个体（即对应的可能特征子集）适应度为 0；否则，对适应度进行定义。

（4）适应度函数应保证优良的个体（即优秀的特征子集）具有较高的适应度值，一个较优的特征子集需具有以下三个要素：① 所选特征子集在待分类的模式中应具有较大的比重，以保证其能在一定程度上代表该模式；② 所选特征子集应对分类具有较大的贡献，在分类器对各压缩后训练集进行分类的过程中，可能有多个训练集未被正确识别，则该特征子集对分类的不确定度较大，那么该特征子集对分类的贡献度就应较小；③ 特征空间中每增加一维都会增加识别分类系统的难度与代价，因此特征子集所包含的特征项应尽可能地少。

### 4.4.3　特征解耦的关键技术

从以上基于遗传算法的特征解耦流程可以看出，所涉及的关键部分包括遗传个体表达、种群初始化、评价函数选择、遗传算子设计以及终止条件确定等。

### 1. 遗传个体表达

前面所建立的图像纹理特征集是一个包含 30 个特征的集合,这些特征在用于图像表达中具有良好性能。但这些特征在具体问题中,其强弱存在差异。因此,采用遗传算法对这些图像特征集进行解耦,找出可区分度最好的特征子集。

特征子集即是对遗传个体的有效表达。采取二进制编码是最为简便的方式,二进制只有"0"和"1",其中,"0"表示该遗传个体不具备某种特征;"1"则表示该个体具备。那么,一个长度为 $L$ 的个体对应于一个 $L$ 维的二进制特征矢量 $X$,它的每一位就表示包括或排除一个相应的特征。$x_i=1$ 表示第 $i$ 个特征项包含于所选择的特征子集中;否则 $x_i=0$。若某个遗传个体的二进制码为{110011010111000011001000110010},则表示该遗传个体是一个包含有 14 个特征的特征子集,为{$x_1 x_2 x_5 x_6 x_8 x_{10} x_{11} x_{12} x_{17} x_{18} x_{21} x_{25} x_{26} x_{29}$}。如此一来,遗传个体的表达就十分高效了。

### 2. 种群初始化

通常采用以下方法来选取第一代种群:

(1)利用随机方法选取第一代种群,并规定每个个体的每一位基因位按等概率在{0,1}中选择(个体的大小按实际情况定)。初始种群的大小一般设定在 50~100 之间。

(2)从随机生成一定数量的个体中选择最好的一个加入到第一代种群中,不断选代直到种群中个体数达到了预定规模。

### 3. 评价函数选择

遗传算法的评价函数也叫适应度函数,它是根据所求问题的目标函数对群体中个体的优劣程度进行评估。因此遗传算法能否成功解决问题的关键就在于选取适当的适应度函数。该算法不考虑外来信息的影响,所以选择评价函数是解决问题的关键。通常评价函数的选取要充分考虑到其通用性、非负性、连续性、最大化、一致性、合理性以及计算量小等因素。针对产品缺陷图像的特征提取,使所提取的特征子集可以准确完整地表征所要分类的问题空间,以得到精准的模式识别与分类。

### 4. 遗传算子设计

遗传算子是对群体中的个体进行的操作,主要目的是为了获取新的个体。遗传算法主要有选择、交叉及变异等算子。

(1)选择是一个优胜劣汰的选取过程。为了体现"适者生存"的自然选择,所采用的随机抽样方法应该保证优良个体被抽到的概率大于劣汰个体。可采用一种轮盘选择方法来实现该抽样操作,其所包含的基本思想是:个体之间被选中的概率与其适应度的大小成正比。

(2)遗传算法过程中的交叉是用两个父代个体中的部分基因替换生成新个体。这将大大提高其进化搜索能力。可见，交叉操作是遗传算法中得到优良个体的最核心操作。再作交叉运算之前需要对群体中的个体进行配对。通常情况下会采取随机方式来两两相互配对。

(3)遗传算法过程中的变异是对群体中的某个个体串的某些基因座上的基因值作改变。变异操作主要是为了让种群保持其多样性。

### 5. 终止条件确定

如果连续几代个体的平均适应度不变和群体适应度不再上升时或者当最优个体的适应度达到给定的阈值，该种群就已成熟而不再进化，此时就停止搜索进化。进化结束后，选取末代种群中的最优个体来解码，就得到了所要求的最优特征子集。针对具体应用问题，还应定义对应的收敛准则。

综合以上步骤可以设计出有效的纹理特征解耦方法，针对不同的产品纹理特征，除严格按照规则进行，还应结合经验，适当增减特征，这对提高遗传算法的实际效率有较大帮助。但这些工作的进行，仍缺乏精确定义，需要在今后的研究中进一步完善。

## 4.5　机器视觉可视化重构平台设计

在集成开发工具出现之前，机器视觉系统的程序设计与开发人员在系统研发过程中既要考虑机器视觉系统总体框架设计、各模块的开发、图像处理与识别算法研究；还要做很多机器视觉系统所共有的功能开发，如程序图形化用户界面设计、网络通信、数据库操作等有些重复而且烦琐的开发工作。而可视化集成开发环境的问世，把程序设计人员从过多的细节处理中解救出来，这些开发环境提供了代码自动生成功能，把所有工程都需要的功能提取出来，并自动的生成其对应的代码，使得设计人员可以把主要精力放在面向具体的产品视觉检测的图像处理与识别算法的研究中去。

### 4.5.1　机器视觉可视化编程技术

可视化编程，即可视化程序设计，以"所见即所得"的编程思想为原则，力图实现编程工作的可视化，即随时可以看到结果，程序与结果的调整同步。与传统的编程方式相比，可视化编程的"可视"是指无需编程，仅通过直观的操作方式即可完成界面的设计工作，是目前最好的 Windows 应用程序开发方法。

可视化编程是一种全新的程序设计方法，让程序设计人员利用软件本身所提供的各种控件，搭积木式地构造应用程序的各种界面。可视化程序设计最大的优点是设计人员可以不用编写或只需编写很少的程序代码，就能完成应用程序的设计，极大地提高设计人员的工作效率，降低软件开发的门槛，使用户有更多的参与机会，激发用户开发的热情，降低软件开发的风险，同时也降低了软件的开发成本。

目前，提供可视化程序设计的集成开发环境很多，比较常用的有微软的 Visual Basic、Visual C++、Borland 公司的 Delphi 等。

可视化编程方法主要表现以下两大特点：一是基于面向对象的思想，它引入了类的概念和事件驱动；二是基于面向过程的思想，程序开发过程通常遵循以下步骤，首先利用可视化工具绘制用户图形界面，然后基于事件驱动编写相应的事件响应程序代码，以响应鼠标、键盘等各种动作以及其他事件消息。

可视化程序设计主要涉及表单、组件、属性、事件、方法等基本概念，也是可视化集成开发环境的基础。

(1)表单：通常是所开发的应用程序与最终用户交互的窗口，开发人员通过在表单中放置各种组件，如命令按钮、复选框、单选框、文本框、滚动条等，来布置应用程序的运行界面，以方便最终用户的操作。

(2)组件：组成应用程序运行界面的各种部件，如命令按钮、复选框、单选框、文本框、滚动条等。

(3)属性：组件的外观设置与工作特性，说明组件在应用程序运行过程中应该如何显示、组件的大小、显示位置、是否可见、是否有效等。通常属性可分为设计属性、运行属性、只读属性三类。其中，设计属性是在设计过程中就可发挥作用的属性；运行属性是在程序运行过程中才发挥作用的属性；只读属性是只能查看而不能改变的属性。

(4)事件：对一个组件的操作，如用鼠标点击一个命令按钮，点击鼠标就称为一个事件，即单击事件。

(5)方法：某个事件发生后将要执行的具体操作，类似于以前的程序。如当用户用鼠标单击"退出"命令按钮时，应用程序就会通过执行一条命令而结束运行，命令所执行的过程就叫方法。

总之，机器视觉可视化编程是机器视觉检测领域的可视化编程方法，采用可视化的工作流开发模式与面向对象程序设计方法，为用户提供一个轻松设计、快速调试的集成化、图形化的视觉检测开发环境，只需简单的鼠标操作，借助各种基本元件及其连接关系建立各种硬件模型与处理数据流，即可轻松完成不同视觉采集设备的通用图像获取、视觉检测系统的界面设计、图像处理与识别算法的流程设计与效果验证，让开发人员真正专注于图像识别算法本身的设计与研究，而不是烦琐的编码细节(如编写复杂的描述界面元素外观和位置的程序代码等)，为定制完整的视觉检测解决方案提供了高效、优良的途径。

### 4.5.2　视觉检测重构平台功能分析

　　视觉检测重构平台可分为硬件层、数据层和应用层三个层次，如图 4.30 所示。硬件层主要完成视觉检测系统中所有图像获取设备(如各类面阵相机、线阵相机等)以及实现缺陷动作响应的各类现场 I/O 控制设备的连接，保证图像处理设备能够正确地与底层相机等设备进行通信，以适应异构硬件环境下的图像获取与控制响应的要求。不同厂家的相机接口与控制方式不尽相同，按照第 3 章所介绍的通用图像获取接口的组态方法，用户必须正确设置相机的厂家、触发方式、图像尺寸、图像偏移等参数，以及 I/O 控制设备的名称、逻辑名称、通信方式、通信地址以及驱动程序等，并生产统一的配置文件，视觉检测系统运行环境将根据图像获取与设备控制的统一接口函数来连接、启动相应的设备，并实时通信以传输图像或控制数据到视觉检测系统中。为方便用户选择，视觉检测重构平台集成了各厂家的相机、图像采集卡、控制模块等驱动，并封装为可被视觉检测重构平台自动加载的组件库。用户只需在视觉检测系统开发环境选择并配置相应的硬件设备，便可完成图像获取与控制部分设计。当然，视觉检测重构平台能够适配的硬件类型越多，平台则越具有通用性。

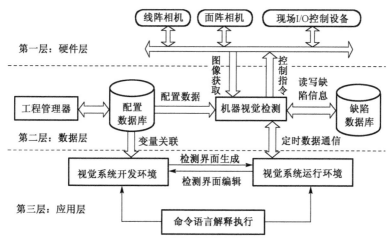

图 4.30　视觉检测重构平台层次

　　数据层包括视觉检测系统工程管理器与机器视觉检测服务器两个数据处理模块，工程管理器是视觉检测重构平台的重要组成部分，它从系统的角度对整个视觉检测工程进行管理，主要负责对所设计的视觉检测系统的图形界面、图像处理变量、命令语言、相机驱动程序管理以及缺陷数据报告格式等工程资源进行集中管理，并提供与各类资源类型对应的配置工具，工程管理器采用树形结构组织各类资源，该功能与 Windows 操作系统中的资源管理器的功能相似，且界面友好，方便用户对整个视觉检测系统的集中管理。

机器视觉检测服务器是整个视觉检测系统的核心，主要负责从工程管理器中加载指定的工程项目，并读取其中的配置信息，包括相机配置数据、视觉工程变量、命令语言、控制通信协议等；然后，依据这些配置数据启动相应的多线程以从相机获取图像、对图像进行分析处理、设置外围 I/O 控制设备的状态与数值，并将主要的产品信息、缺陷信息等保存到缺陷数据库中，同时依据图像识别的结果发送相应的事件消息或报警消息。机器视觉检测服务器的另一个主要功能是借助网络通信响应上次图形用户界面的请求，定时上传图像检测数据并接受用户从显示终端发送过来的控制指令。

应用层用于提供视觉检测系统与用户进行交互的模块，包括设计视觉检测系统界面的开发环境和重组系统界面实现在线视觉检测的运行环境。

其中，视觉检测系统开发环境是客户视觉检测应用程序的集成开发平台，用户通过一系列的相关操作来定制满足特定应用的视觉检测界面，其主要功能包括以下几部分：

(1)视觉检测开发环境提供基本图元的绘制功能，如直线、折线、矩形、多边形、正多边形、圆、椭圆、半圆、圆弧、填充圆、填充椭圆、填充多边形、填充正多边形、管道、字符串、位图、按钮、棒图与饼图等，并对这一系列的图形对象提供了相应的编辑操作，主要涉及各种图元的缩放、移动、旋转、删除、复制、粘贴、对齐、均布、组合、颜色与图层的设置等。

(2)视觉检测开发环境为开发人员提供了动画连接功能,动画连接允许用户将画面中的图元与工程管理器中所定义的视觉工程变量相关联，根据视觉工程变量的当前值来设置图元的状态(如数值、颜色、位置、显示或隐藏)，也可以通过对图元的操作来执行相应的命令语言或根据相关联的视觉工程变量对外部控制设备发送相应的控制指令。于是，在视觉检测系统运行环境中，就能够通过内嵌的命令语言以及视觉变量的数值变化来动态改变其相关联的图元属性和运动状态以实现某种动画效果。

(3)视觉检测开发环境允许用户在设计时插入控件。在视觉检测系统界面上，有些复杂的数据显示不能单纯依靠所提供的基本图元来展示，如显示产品缺陷率的趋势曲线、分析产品缺陷类型所占比重的饼图、产品与缺陷信息的报表显示等。因此，开发环境封装了一些常用的产品信息统计显示控件供用户选择，包括历史趋势曲线、实时趋势曲线、历史报表、实时报表、报警报表、用户自定义报表以及事件报表等。用户在制作其视觉检测界面时，可以直接将这些控件加入图形界面中和其他图形元素共同组成视觉检测界面，通过各控件的属性页来改变控件属性与外观以满足特定的要求，并通过控件定义的事件、接口方法与它的容器进行交互。

(4)视觉检测开发环境还为用户提供了图库操作。在视觉检测系统开发环境中，为了支持用户设计图形与画面的复用，允许用户将指定的某些图元进行组合，使其成为一个图元组合，并且可将这样组合起来的图元存入图库中，以便在以后的工程中使用。图库的使用大大减少了开发人员的视觉检测界面开发的重复劳动，使得采用图库开发的视觉检测软件具有统一的外观。另外，图库的使用使视觉检测重构平台更具开放性，实现了一次构造，多处使用。而且，用户在检测画面中插入图库后，也可以取消其组合特性，得到每个基本图形单元以实现特定要求的编辑操作。

在视觉检测系统运行环境中，选择用户在开发环境下所定义的视觉检测界面中具有动画连接属性的图元，提取这些图元所对应的视觉工程变量(图像变量、图像特征变量、识别类型变量、控制变量以及系统变量等)与机器视觉服务器所产生的实时数据相关联，生成能反映视觉检测识别情况的动画效果，并借助实时与历史趋势曲线控件、报表控件等显示和分析图像处理与识别得到的产品缺陷数据。除此之外，运行环境还提供一定的控制功能，用于人机交互。如在产品缺陷率历史趋势曲线控件中，用户可按照需要查询并显示指定时间段内的产品数据；同时用户可借助视觉检测界面对机器视觉服务器的图像识别参数进行动态配置，也可通过按钮控件控制现场 I/O 设备的状态。

但是，视觉检测运行环境和开发环境相对独立，在运行环境下用户没有编辑能力，要改变视觉检测界面必须回到开发环境中进行。

### 4.5.3　图形用户界面的可视化设计

图形用户界面绘制是视觉检测系统可视化重构中最复杂、开发工作量最大的一个模块，其重要性不言而喻。图形绘制模块的主要功能是绘制视觉检测系统界面，建立用户界面中的动画连接、所绘制图形文件的编辑和存储等。

#### 1. 图形对象子模块

图形对象子模块主要负责如线、半圆、圆、弧、椭圆、多边形、正多边形、文字、位图、填充等基本图元的绘制[136-137]。而复杂图形可通过这些基本图元的任意组合实现。为了保证所有图元绘制接口函数的统一以便于管理与扩展，采用面向对象设计方法，设计了一个图形对象基类 CGuiObject，在该基类中声明这些基本图元的公共属性与需要实现的公有方法。其中，公共属性包括图元类型、图元 ID、大小、被选择状态等，接口函数包括绘画、移动、旋转、伸缩变形等。每个基本图元类从这个基类派生，并分别实现基类所定义的虚函数。在视觉检测系统开发环境中，每创建一个新的图元对象，便将其加入到全局数组 CArray <CGuiObject, CGuiObject>，并通过这个数组方便地管理所有图形对象,并为图元对象的编辑提供了统一的接口。基类 CGuiObject 的定义如下：

```
class CGuiObject
{
```

```
public:
    //图元对象 ID，用于唯一标识该图元对象
    unsigned int      m_nNameID;
    //图元对象类型标识代码，每个不同的图元类型对应不同的值
    char              m_cNameCode;
    //图元对象名称
    CString           m_strName;
    //图元对象的边框
    CRect             m_rcBoundFrame;
    //图元对象基点
    CPoint            m_ptBasePoint;
    //图元对象的层次
    int               m_nDisplayLayer;
    //图元对象是否在显示区域内
    bool              m_bInClient;
    //图元对象是否可见
    BOOL              m_bVisible;
    //图元对象选中状态
    BOOL              m_bSelected;
    //图元对象的线型
    int               m_nLineStyle;
    //图元对象的线宽
    float             m_fWidth;
    //图元对象的颜色
    int               m_nColor;

    //拖动点数组，用户根据不同图元对象确定拖动点数目及其类型
    //例如，直线只有两个拖动点，两个拖动点的类型可以为 1、2、3、4 中任意值，
    //表示这两个拖动点可以任意拖动。
    CArray<CDragPoint*, CDragPoint* > m_pDragPoints;

public:
    CGuiObject()
    {
        m_nLineStyle = DLineStyle;
        m_fWidth = DLineWidth;
        m_nColor = DForeColor;
    };
    ~CGuiObject() {};
```

```
virtual void Draw( CGuiDeveloperView* pView, CDC *pDC ) {};
virtual void Draw( CGuiDeveloperView* pView, CDC *pDC, int lorxor ) {};
virtual void Draw( CGuiDeveloperView* pView, CDC *pDC, int color,
    int lorxor ){};

//移动图元对象
virtual void MoveTo( CPoint OriPoint, CPoint DesPoint ) {};
//选择图元对象
virtual BOOL PointNearThisSymbol( CPoint point ) { return false; };
//旋转图元对象，逆时针为正，采用弧度表示
virtual void Rotate( CPoint refPoint, float angle ) {};
//缩放图元对象，fMultiple 为缩放因子，flag = a: xy 两个方向都进行缩放；
// x: 在 x 方向上缩放；y: 在 y 方向上缩放
virtual void ZoomInOrOut( CPoint ptRef, float fMultiple, char cFlag ) {};
//刷新图元对象在屏幕上的显示
virtual void Update( CGuiDeveloperView* pView, CDC *pDC ){};
virtual void SetBoundFrame(){};
virtual void SetBasePoint(){};
virtual void SetDragPoint(){};

//根据 Point 捕捉拖动点
virtual CDragPoint* CaptureDragPoint(CPoint Point) { return NULL; };
//将拖动点 DragPoint 拉动到 Point，不同的图元对象有不同的实现方式
virtual bool DragDPtoP( CDragPoint* ptDragPoint, CPoint
        Point ){ return false; };
};
```

对于不同类型的图元，其属性不尽相同，有些可能不包括以上定义的某些属性，有些可能需要扩展自己的某些属性。基类 CGuiObject 中还定义了所有图元类的共有操作接口，所有图元子类都直接或者间接地从基类 CGuiObject 中派生，使得所有图元子类都可以继承基类 CGuiObject 中所定义的图形属性和操作方法。各图元类之间的继承关系如图 4.31 所示。

1) 线

线是所有图元中最简单也是最为基本的一个图元，后面多边形的绘制以及正多边形的绘制均以它为基础。直线的绘制主要使用 MoveTo() 和 LineTo() 两个函数实现。通过改变画笔类 CPen 的初始化参数，选择线型、线宽和颜色属性。不过，当线宽大于 1 时，点划线、双点划线以及虚线等线型均只显示为直线，故只能采用分段划直线段的方式绘制这些线型。于是，定义了一组绘制特殊线型的数组，如 extern

DWORD ps_dash[2]表示长虚线，extern DWORD ps_dot[2]表示短虚线，extern DWORD ps_dashdot[4]表示点划线，extern DWORD ps_dashdotdot[6]表示双点划线。并分别给每个数组赋值，例如，长虚线的数组赋值为 ps_dash[2] = {10，2}，当划长虚线时，遇到数组奇数项只移动坐标点不画线，而遇到偶数项既移动也画线，线的长度即为该偶数项在数组中的值，如本例中线的长度为 10。从而保证在改变线的宽度时能正确绘制所有线型。

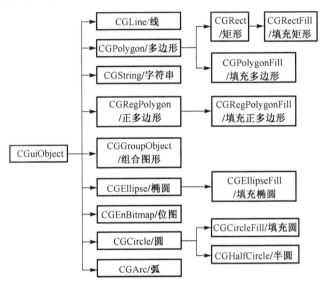

图 4.31　视觉检测重构平台中各图元类间继承关系

2）圆弧

绘制圆弧通常采用三点式画弧法，画圆弧主要使用 Arc() 函数。通过指定圆弧上的三点，可以很容易地计算出圆弧的圆心和半径，再调用 Arc() 函数即可。需要注意的是圆弧的方向，可通过第二点以确定所画圆弧是优弧还是劣弧。已知三点坐标为 $(X_1，Y_1)$，$(X_2，Y_2)$，$(X_3，Y_3)$，则该圆弧的圆心坐标 $(X_0，Y_0)$ 的计算公式如下：

$$
\begin{aligned}
K_1 &= (Y_1 - Y_2)/(X_1 - X_2) \\
K_2 &= (Y_2 - Y_3)/(X_2 - X_3) \\
X_0 &= (Y_2 - Y_1 - X_1/K_1 + Y_1/K_2)/(1/K_2 - 1/K_1) \\
Y_0 &= Y_1 - (X_0 - X_1)/K_1
\end{aligned}
\tag{4.18}
$$

其半径计算公式如下：

$$
r = \mathrm{sqrt}((X_0 - X_1) \times (X_0 - X_1) + (Y_0 - Y_1) \times (Y_0 - Y_1)) \tag{4.19}
$$

此外，为了提高程序的健壮性，应当考虑一些特殊情况并单独处理，如三点共线、$K_1$ 或 $K_2$ 为无穷大等。

3）圆与半圆

圆与半圆均为圆弧的特殊情况，因此可以直接使用画圆弧的函数。当绘制半圆时，按下鼠标左键，则确定半圆直径的第一点，然后移动鼠标将显示半圆形状的橡皮筋；当移动到半圆的终点，再次按下鼠标左键，一个以该两点为直径的半圆就绘制出来了，并且在绘制过程中可按 Ctrl 键以动态的改变半圆的方向。绘制圆时，按下鼠标左键确定圆的圆心点，再移动鼠标时将显示圆形的橡皮筋；当移动指定位置时再次按下鼠标左键，则以第一个点为圆心，经过第二个点的圆就绘制出来了。

4）椭圆

椭圆绘制同样使用 Arc()函数，只是有效点的选取有所不同。绘制椭圆时，按下鼠标左键确定椭圆水平轴上的一点，再移动鼠标时将显示椭圆的形状的橡皮筋；移动指定位置再次按下鼠标左键，选定该点为椭圆垂直轴上一点，于是一个椭圆便绘制出来了。

5）多边形

多边形本质上是一组直线段的集合。通过定义一个 CArray< CPoint*, CPoint* > 类型的变量 arrCornerPoints 来记录多边形的各个顶点坐标，显示绘制时只需将这些坐标点首尾相接即可。

6）正多边形

正多边形是多边形的一种特例，之所以将其单独处理，主要是因为其绘制方式和一般多边形不同。绘制正多边形时，首先用户应确定正多边形的边数，然后按下鼠标左键确定正多边形的中心点，再移动鼠标时将显示正多边形的形状的橡皮筋；到达指定位置后再次按下鼠标左键，选定正多边形的一顶点，一个正多边形就绘制出来了。其与一般多边形的最大区别在于 CArray< CPoint*, CPoint* >类型变量 arrCornerPoints 的坐标不再是用户通过鼠标单击得到，而是借助选取点计算而来。已知所选中点坐标为$(X_0, Y_0)$，所选顶点的坐标为$(X_1, Y_1)$，两点之间的距离为 $L$，则其他顶点的坐标计算公式如下：

$$X_i = X_0 + L\cos(\alpha + \beta \times i)$$
$$Y_i = Y_0 + L\sin(\alpha + \beta \times i)$$

(4.20)

其中，$\alpha$ 为已知顶点和中心点的夹角，$\beta$ 为所求顶点的中心偏角，$i$ 表示顶点的序列号。

7）文字

文本的绘制主要使用 TextOut()函数实现，这个函数比较简单，三个参数分别对应于文本左上角坐标值 $x$，$y$ 以及所显示的文字内容。文字的颜色、字体、大小和倾斜角等属性均通过逻辑字体结构 LOGFONT 来设置，并借助 SelectObject()函数将所创建的字体选到相应的设备上下文 DC 对象中，再调用 TextOut()函数便可画出所输入的文本。其中逻辑字体结构 LOGFONT 的定义如下：

```
typedef struct tagLOGFONTW
{
    LONG lfHeight;              //文字高度
    LONG lfWidth;              //文字宽度
    LONG lfEscapement;         //字符串的倾角
    LONG lfOrientation;        //单个字符的倾角
    LONG lfWeight;             //字符粗体属性
    BYTE lfItalic;             //字符倾斜属性
    BYTE lfUnderline;          //字符下划线属性
    BYTE lfStrikeOut;          //字符删除线属性
    BYTE lfCharSet;            //字符集
    BYTE lfOutPrecision;
    BYTE lfClipPrecision;
    BYTE lfQuality;
    BYTE lfPitchAndFamily;
    TCHAR lfFaceName[LF_FACESIZE];    //字体
} LOGFONTW, *PLOGFONTW, NEAR *NPLOGFONTW, FAR *LPLOGFONTW;
```

其中，常用的字体属性分别给予注释，而文本的颜色可通过 CDC 提供的成员函数 SetTextColor()设置。

由于文本图形结构比其他图元复杂，其擦除也不同于其他图元。对于其他图元而言，如果要擦除之前绘制的图形，只需将 CDC 设置为 R2_XORPEN 模式，并选用和原来同样的颜色在原位置重新绘制一遍，原图形即可擦除。但采用该方式擦除文本则会在屏幕上留下很多残点，只能刷新画面才能彻底擦干净，但刷新会同时造成屏幕的闪烁。为了解决此问题，采用在内存 DC 中绘制的方式实现。该方法的流程为：首先调用 CreateCompatibleDC()函数创建和当前 DC 相匹配的内存 DC，接着调用 CreateCompatibleBitmap()函数创建兼容的位图,之后以原来类似的方式在内存 DC 上绘图。当绘制完毕后，调用 BitBlt()函数将内存 DC 中的位图一次性复制到当前显示设备场景中，从而有效避免了屏幕闪烁。

8) 填充

按照图元的形状不同，填充图元可分为填充圆、填充半圆、填充椭圆、填充多边形、填充正多边形、填充管道等。按照填充方式可分为：单色填充、双向填充、放射填充、渐变填充等。根据填充图形的特点，采用两个填充接口：fnEllipseFill 完成圆类的填充，fnPolygonFill 完成多边形类的填充。下面分别予以介绍。

函数 fnEllipseFill()实现：首先根据圆或椭圆的外接矩形创建椭圆区域。如果采用放射填充,则创建从填充色到黑色的指定数目的画刷(画刷数目越多则填充效果越好，但速度越慢)，然后从椭圆几何中心开始填充，循环使用已定义的画刷填充一个环形，直到填完整个图形为止。如果采用单色填充、双向填充或渐变填充，则根据填充角度，对椭圆的外接矩形坐标进行变换，然后填充由变换后区域和原椭圆区域相交的区域，且每次填充一个窄的条形区域。

函数 fnPolygonFill()实现：首先根据多边形创建多边形区域。如果采用放射填充，则创建从填充色到黑色的指定数目的画刷(画刷数目越多则填充效果越好，但速度越慢)。然后从多边形的几何中心开始填充，循环使用已定义的画刷填充一个环形，直到填完整个图形为止。其中，与椭圆填充不同的是应选取离几何中心最远的多边形顶点为参考点，以其到几何中心的距离为标准计算每次填充的步长。如果为单色填充、双向填充或渐变填充，则根据填充角度，对多边形的顶点坐标进行变换，然后取变换后区域和原多边形区域的交集进行填充，且每次填充一个窄的条形区域。

9) 位图

Windows 位图分为 GDI 位图和 DIB 位图两种类型。GDI 位图对象由 MFC 中类 CBitmap 表示，是一个与之关联的 Windows 数据结构，它在 Windows GDI 模块内进行维护，是设备相关的。其只能在同一台计算机中各个程序之间任意传输。与 GDI 位图相比，DIB 位图具有许多编程方面的优势。DIB 带有自己的颜色信息，调色板管理更容易，并且运行 Windows 的任何计算机都可以处理 DIB。因此，图形用户界面的可视化设计采用 DIB 位图。

位图文件由文件头、位图信息、位图像素数据三部分组成。位图文件头主要用于识别位图文件，其结构定义如下：

```
typedef struct tagBITMAPFILEHEADER
{
    WORD        bfType;
    DWORD       bfSize;
    WORD        bfReserved1;
    WORD        bfReserved2;
    DWORD       bfOffBits;
} BITMAPFILEHEADER;
```

其中，bfType 应该为"BM"(0x4d42)，标志该文件是位图文件；bfSize 是位图文件的大小。

位图信息由位图信息头、颜色表两部分组成，所记录的值用于分配内存、设置调色板信息、读取像素值等，其结构定义如下：

```
typedef struct tagBITMAPINFO
{
    BITMAPINFOHEADER    bmiHeader;
    RGBQUAD             bmiColors[1];
```

```
    } BITMAPINFO;
```

其中，位图信息头包含了单个像素所用字节数、描述颜色的格式、位图宽度、高度、目标设备的位平面数、图像的压缩格式等，其结构定义如下：

```
typedef struct tagBITMAPINFOHEADER
{
    DWORD       biSize;              //结构字节数
    LONG        biWidth;            //以像素为单位的图像宽度
    LONG        biHeight;           //以像素为单位的图像高度
    WORD        biPlanes;           //目标设备的位平面数
    WORD        biBitCount          //每个像素的位数
    DWORD       biCompression;      //图像的压缩格式
    DWORD       biSizeImage;        //以字节为单位的图像数据大小
    LONG        biXPelsPerMeter;    //水平方向上每米的像素个数
    LONG        biYPelsPerMeter;    //垂直方向上每米的像素个数
    DWORD       biClrUsed;          //调色板中实际使用的颜色数
    DWORD       biClrImportant;     //显示位图必需的颜色数
} BITMAPINFOHEADER;
```

而颜色表一般针对 16 位以下图像而设置，对于 16 位及以上的图像，由于其位图像素数据直接对应像素的 RGB 颜色，可省去调色板。而对于 16 位以下图像，其位图像素数据仅表示调色板的索引值，需根据这个索引到调色板中检索相应的颜色以进行显示。

位图数据位于位图文件头、位图信息头、位图颜色表之后，是位图的主体部分。而对于不同的像素深度，位图数据所占据的字节数也不相同。如对于 8 位位图，每个字节代表一个像素；而对于 16 位位图，每两个字节代表一个像素。因此，位图文件读写的基本步骤如下：首先，由 LoadImage() 函数获取指定位图的句柄，接着调用 GetDIBits() 函数获取位图文件中的位图数据；然后，以位图的行号和列号做二重循环，访问每个像素并做相关处理；并填充 BITMAPINFOHEADER 结构，依据位图数据和 BITMAPINFOHEADER 结构调用函数 CreateDIBitmap() 创建位图；再创建与当前设备环境兼容的内存设备环境，并将位图选入该内存设备环境；最后，调用 BitBlt() 函数将内存 DC(device context) 中的图像输出到目标 DC 中。

2. 图形对象编辑子模块

由于在图形对象父类中已定义了统一的函数接口，故在图形对象编辑时可以利用 C++多态的特点，直接调用父类 CGuiObject 的公有方法实现对图元的编辑，程序会自动依据对象的运行时类信息定位到正确的函数实现，而不用关心正在操作的图元对象具体是哪种图元。因此，可实现图形对象绘制与编辑的分离，使得图形对象编辑成为一个相对独立的子模块，而不会受制于图形对象子模块，且图形对象的增减不会影响图形对象编辑子模块[138-139]。

依据父类 CGuiObject 所提供的图形对象绘制、移动、选择、旋转、缩放、拖动等统一接口，对图形对象的编辑操作分别予以介绍。

1）移动

实现移动功能的基本思想是先选择异或模式在原坐标处绘制一遍以擦除原来的图形，接着通过坐标变换计算出移动后的新坐标，然后在新坐标处再绘制一遍，即可实现图元的移动。由于文字的擦除比较特殊，需先在内存中绘制完成后复制到显示设备上下文中，以防止屏幕刷新导致的闪烁。

2）删除

删除操作可通过每个图形对象的可见（Visible）属性来实现，如果要删除某个图元，则将该图元的可见属性设为 False，默认情况下所有图元的可见属性初始化为 True。每次绘制图形对象时首先对该值进行判断，如果为 True 则绘制，否则不绘制。因此，如果要删除某个图形对象，只需先将其可见属性设为 False，然后调用该图形对象的 Update() 函数刷新一下画面即可。

3）复制

由于所有图形对象都对应于图元类的对象，且保存在一个对象序列中，复制操作首先利用各个图形对象的复制构造函数完成其对象构造及成员变量的赋值，然后把生成的新图形对象加到类型为 CArray <CGuiObject *, CGuiObject *> 数组对象中。

4）组合

组合功能是将不同的图元作为一个整体以进行操作，组合图形中也可以嵌套组合图形。但是有些图元组合后将不能进行拉伸变形，如圆、填充圆、半圆、圆弧、正多边形、填充正多边形，不能实现在 $X$ 或 $Y$ 方向上的单向变形。组合操作的流程为：首先把当前选中的图元对象数组 pSelectedObjects 中所有对象赋给组合图形对象中的 pMemberObjects 成员数组；并将新创建的组合图形对象加入到保存图元对象的数组 pObject 中；然后，将当前选中图元的对象数组 pSelectedObjects 中所有对象的可见属性设为 False 并刷新画面，以隐藏这些单独的图元；最后，调用组合图形对象的 Update() 函数刷新组合图形。

5）打散

打散是组合的逆操作，其流程为：首先把组合图形对象中的 pMemberObjects 成员数组对象赋给当前选中的图元对象数组 pSelectedObjects；并将组合图形中未包含在文档图元对象数组中的图形对象加入到该对象数组 pObject 中；最后将当前选中图元的对象数组 pSelectedObjects 中所有对象的可见属性设为 true，组合图形中的可见属性设为 false，并刷新画面以显示打散结果。

6) 拉伸

为了便于用户对图形对象进行拉伸，需要在图形对象的外沿设置一些拖动点，一般为图形外截矩形的四个顶点和四条边的中点。这些拖动点总体可分为三类：四个角上的拖动点能够沿 $X$，$Y$ 两个方向自由拖动，$X$ 轴方向上的两个中点只能沿 $Y$ 方向拖动，$Y$ 轴方向上的两个中点只能沿 $X$ 方向拖动。每次拉伸操作时，首先由每个图形对象类的成员函数 CaptureDragPoint() 捕捉该图元的拖动点。成功捕捉后返回拖动点类对象的指针，接着根据这些拖动点的 Flag 属性找出要被拖动的那个拖动点，并进一步确定该拖动点属于哪一类拖动点。然后，根据该拖动点的位置变化以及该拖动点自身特点将图形对象的其他相关坐标进行相应的转换。对于不同的图形对象，其坐标转换的方式各有不同，因此需要各自实现从基类 CGuiObject 继承的函数 DragDPtoP()。当进行拉伸变形时，主框架会在 OnMouseMove() 响应函数中判断被选中的图形中是否有拖动点被捕捉到，如果有就将绘图模式设为异或方式，并在原位置重绘该图形，以擦掉拖动前的图形，然后调用被拖动图形对象的 DragDPtoP() 函数，调整拖动后图形的各个参数，并在新位置调用该图形对象的 Draw() 函数绘制拖动后的图形。

7) 缩放

图元的缩放操作主要由函数 ZoomInOut() 实现，该函数包含三个参数，分别为 CPoint 类型的参考点 ptRef、缩放因子 fMultiple 和缩放标志 cFlag。如果 cFlag 取 $x$，则表示沿 $X$ 方向变形，先计算图形有效坐标点的横坐标与参考点的横坐标之间的差值，再乘以放大倍数，则得到缩放后的实际坐标。如果 Flag 取 $y$，则表示沿 $Y$ 方向变形，先计算图形有效坐标点的纵坐标与参考点的纵坐标之间的差值，再乘以放大倍数，则得到缩放后的实际坐标。如果 Flag 取 $a$，则表示沿 $X$，$Y$ 两个方向上都有变形，先分别求出图形有效坐标点在横坐标和纵坐标方向与参考点之间的差值，再乘以放大倍数，则得到缩放后的实际坐标。完成缩放导致的图元关键点坐标变换后，采用与拉伸操作类似的擦除重绘方式实现缩放图元的绘制。

8) 旋转

旋转函数 Rotate() 包含两个参数：旋转参考点 CPoint 类对象 refPoint，旋转角度 angle。该函数主要实现图元各个关键坐标点(如圆的圆心、矩形的四个顶点等)相对旋转参考点旋转 angle 角度后新坐标的计算。图元的旋转实现流程为：首先采用异或方式擦除旋转前的图形，然后调用图元的 Rotate() 函数计算关键坐标点的坐标，最后再调用 Draw() 函数在新位置画出旋转后的图形。

9) 反悔

反悔操作对于用户绘制过程中的误操作和实验性操作非常有用。为了支持无限次的反悔操作，设计了 COperation 与 CUndoNode 两个类，其中，类 COperation 用于记录操作类型，类 CUndoNode 用于记录操作节点。其类定义如下：

```
class COperation
{
public:
    CGuiObject* m_pObject;                    //被操作的图形对象
    CArray< void*, void* > m_pVariables;    //操作的参数数组
public:
    COperation();
    ~COperation();
};
class CUndoNode
{
public:
    char m_cNodeType;    //节点类型
    CArray< void*, void* > m_pNodeVariables;    //操作的参数数组
    CArray< COperation*, COperation* > m_pOperations; //操作类型数组
public:
    CUndoNode();
    ~CUndoNode();
};
```

操作节点类记录发生的每一个操作，如创建图形、删除图形、缩放、改变线性、改变颜色等。m_cNodeType 用来记录操作类型，可定义以下字符以标识各种图元操作：

n：表示新建一个图形对象；

d：表示删除一个图形对象；

c：表示图形组合；

D：表示打散组合图形；

……

m_pNodeVariables 记录该操作的公有参数，例如，一组图形改变线型，则线型为公有参数；一组图形改变颜色，则颜色为公有参数等。m_pOperations 记录发生 m_cNodeType 对应操作的图形对象信息。m_pObject 记录图形对象的指针，m_pVariables 记录各图形对象自己特有的参数信息。例如，对圆和矩形两个图元同时进行颜色设置，则首先创建一个 CUndoNode 节点，类型为设置颜色，公有属性是当前设置的颜色。同时对圆和矩形分别创建操作类型 COperation 对象，在各自 COperation 对象的 m_pObject 中分别记录两个图元的指针，在 m_pVariables 中记录各自图元在颜色设置操作之前的原颜色信息。如此记录所有操作的完备信息才能实现随后可能的反悔操作。

类 CUndoNode 和类 COperation 的关系如图 4.32 所示。当进行反悔操作时，首

先查找类对象 CUndoNode 所组成的操作链上的最后一个节点；然后依次遍历各操作类型 COperation 对象，取出各个 COperation 对象的相关参数，接着以图元的原参数对图形进行重新设置；最后，刷新画面即可恢复到该操作之前状态。

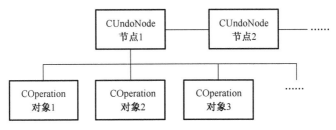

图 4.32　CUndoNode 和 COperation 两类的关系

### 3. 动画连接子模块

动画连接子模块主要实现图元与配置数据库中图像工程变量的连接，在视觉检测系统设计环境将图元的属性、位置、状态信息与图像工程变量的数值或条件表达式等联系起来，使得在视觉检测系统运行环境中能够通过命令语言以及图像工程变量的变化，动态改变图元的属性和状态、更新状态数据、驱动画面中的动画效果[140-141]。

为了以统一的方式控制动画连接，利用 C++的多态性和继承性，所有动画连接类均从基类 CAnimationLink 派生。基类中保存所有公共信息，如动画连接类型、图形 ID、对应图形的指针以及虚函数 Animation()，所有的动画连接均由该函数实现。依据动画类型的不同，动画连接类分别派生出线属性动画连接类、缩放动画连接类、填充属性动画连接类、文本颜色属性动画连接类、字符串输出动画连接类、移动动画连接类、旋转动画连接类、滑动杆输入动画连接类、闪烁动画连接类、隐藏动画连接类、模拟值输出动画连接类、离散值输出动画连接类、命令语言动画连接类等。其中，各个派生类都需要按照自身动画的特点重载虚函数 Animation()。每个动画连接类不仅记录自身相关信息，而且需要记录与其相联系的图元对象指针，以便于确定每个图元分别和哪些动画建立了关联。

### 1) 动画连接的创建

与图形元素关联的动画连接都在动画连接定义对话框中完成，该对话框对应于类 CAnimationDefine，类中定义了 CArray <CAnimationLink*, CAnimationLink*>类型的两个数组 m_pAnimationLinks 与 m_pMsgAnimationLinks 以记录所有定义的动画连接。其中，数组 m_pAnimationLinks 用于存储由所关联的数据驱动、主画面定时调用刷新的动画连接，例如，当产品缺陷率变量到达一定阈值时，与其关联的图形显示框颜色自动由绿色变为红色，整个过程不需要用户参与。而另一类动画连接则是由事件驱动，例如，当用户单击一个按钮执行一段命令语言，由用户触发消息所控制的动画，则保存在数组 m_pMsgAnimationLinks 中。于是，画面定时刷新中只用刷新数组 m_pAnimationLinks 中的动画连接，而不用理会数组 m_pMsgAnimationLinks 中的动画连接，以简化处理。

针对每个图元定义动画连接时，首先把两个动画连接数组中定义的动画连接传入动画连接定义对话框，并根据图元类型设置动画连接对话框的初始状态。等用户设置完成后，依据图元指针删除动画连接数组 m_pAnimationLinks 或 m_pMsgAnimationLinks 中与当前图元相关的所有动画连接对象，然后将新建立的动画连接对象加入到对应数组中，从而完成动画连接的定义。

2) 动画连接的实现

按照动画连接的类型不同，其实现分别采取两种不同方式。数据驱动的动画连接显示主要由主程序的定时任务负责，定时器定时调用数组 m_pAnimationLinks 中所有动画连接对象的 Animation() 函数，即时刷新画面以产生动画效果。而消息触发的动画连接显示主要通过人机交互界面，如鼠标左键按下或弹起、鼠标双击等操作，触发这些消息响应函数对数组 m_pMsgAnimationLinks 中所选中图元对象相应的 Animation() 函数调用来显示其动画效果。

4. 图库与文件存储子模块

图库对象本质上是多个图元的组合，它的使用可大大降低工程人员界面开发的难度，提高开发效率，同时保证了视觉检测平台的开放性，实现"一次构建，随处复用"的思想。为了复用图库，必须通过文件保存图库及其图元的信息，其文件组织结构如图 4.33 所示。

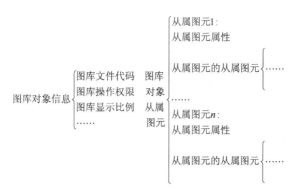

图 4.33 图库文件的组织结构

如果图库中包含组合图元，则可通过图元嵌套的方式表示它们之间的逻辑关系。图库存储文件中应保存所有图元的一切有效信息，以便可以从图库文件恢复出以前定义的图形。图形恢复是图形存储的逆操作，从图库存储文件中检索各图元对象以及它们的组合关系，动态生成对应的图形对象，并将对应的属性值赋给这些对象，最后调用各个图形对象的 Draw() 函数完成自身的绘制，并组合为图库图形。

### 4.5.4 图像处理算法的可视化编程

借助图形用户界面可视化工具可以绘制各个图像处理与识别算法的框图，并通过连线建立它们之间的关系，以形成视觉检测处理流程的图形化表示。为了在视觉检测系统运行环境中加载这些视觉检测算子图元所对应的图像算法，必须建立视觉检测流程图中的图元与视觉检测算法库中的类与函数之间的关联，以借助流程图中的图元及其关系动态生成相应的程序代码。该过程是整个图像处理算法可视化编程的核心，主要借助命令语言模块来实现。

命令语言模块为用户提供了一个可编程控制的接口。用户通过编写脚本语言可以实现复杂的逻辑控制，大大增强了视觉检测系统运行系统的灵活性。可以说，命令语言模块是整个运行系统的灵魂之所在。命令语言模块实现了一个类 C 语言的语法解释器。与 C 语言等高级语言类似，命令语言模块也支持结构化编程语言的三种基本控制结构，即顺序、选择和循环结构。借助这三种控制结构，用户可实现各种自定义的复杂逻辑控制。另外，为了方便用户使用，提高用户视觉检测工程的开发效率，命令语言模块提供了丰富的函数资源，如常用数学函数、统计分析函数等。

从设计的角度来看，命令语言的功能实现主要由词法分析模块、语法分析模块、解释执行模块、出错处理模块等四个模块组成。其中，词法分析模块为其他模块提供支持服务。命令语言模块的功能组成如图 4.34 所示。

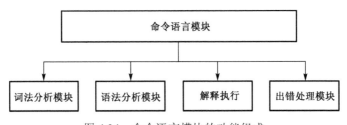

图 4.34　命令语言模块的功能组成

#### 1. 词法分析

词法分析的目的是通过扫描输入的源程序代码，分离出一个个独立的最小有效词法单元"单词"（也称为单词符号或符号）。这里所谓的单词是指逻辑上紧密相连的一组字符，这些字符具有集体含义。例如，标识符是由字母字符开头，后跟字母、数字所组成的字符序列。另外，保留字或关键字、运算符、分界符等都属于单词。单词可以分为保留字、运算符、标识符、常数、界符等五类。其中，保留字、运算符、界符称为语言固有的单词，而标识符、常数则为用户定义的单词。

词法分析的主要任务包括：滤空格、识别保留字、识别标识符、拼数、拼复合词、输出源程序等。状态转换图是设计词法分析程序的直观工具。状态转换图为一张有限方向图，结点代表状态，用圆圈表示，状态之间用箭弧连结。箭弧上的标记代表在射出节状态（即箭弧始结）下可能出现的输入字符或字符类。一张转换图只包含有限个状态，其中一个初态，以及至少一个终态（用双圈表示）。图 4.35 给出了一个用于识别某些字符串的状态转换图。

为此，设计了类 CWordAnalyse 以提供对词法分析的支持，并为随后的语法分析提供基础服务。

## 2. 语法分析

语法分析的任务是在词法分析的基础上将单词序列分解成各类语法短语，如程序、语句、表达式等。这种语法短语一般可表示为语法树。语法分析依据语言的语法规则（即描述程序结

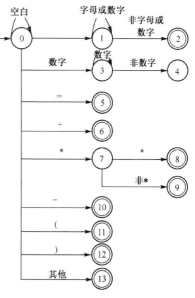

图 4.35　字符识别状态转换图

构的规则），确定整个输入串是否构成一个语法上正确的程序。词法分析和语法分析本质上都是对源程序的结构进行分析，词法分析仅仅对源程序进行线性扫描即可完成，但这种线性扫描则不能用于识别递归定义的语法成分。

在图像处理算法的可视化设计中，语法分析采用了自顶向下的递归子程序法，对应每个非终结符语法单元，编写一个独立的处理过程。语法分析从读入第一个单词开始由开始符出发，沿语法描述图箭头所指出的方向分析。当遇到非终结符时，则调用相应的处理过程，从语法描述图看即进入了一个语法单元，再沿当前所进入的语法描述图的箭头方向继续分析，当遇到描述图中的终结符时，则判断当前读入的单词是否与图中的终结符相匹配，若匹配，则执行相应的语义程序。然后，再读取下一个单词继续分析。但遇到分支点时，将当前的单词与分支点上的多个终结符逐个比较，若都不匹配则表示进入下一非终结符语法单位或是出错。

语法分析功能封装在类 CScriptEnginer 中。CScriptEnginer 类采用编译原理中的 LL(1) 自顶向下的递归子程序文法分析技术。对于每段输入的源程序，CScriptEnginer 从最顶层的语法范畴开始进行识别；如果其中包含有更基本的子语法范畴，同样的试探过程将随着分析的不断进行依次遍历这些子语法范畴，直到规约结束。如果期间发现某一期望的语法范畴规约失败，则退回到上级语法范畴，尝试下一可能的规约。类 CScriptEnginer 的工作过程可以采用语法描述图解释（如图 4.36 所示）。语法

图中，椭圆形框表示基本语法范畴，矩形框表示非基本语法范畴。非基本语法范畴由一个或多个基本语法范畴(或者非基本语法范畴)按照一定的顺序组成。

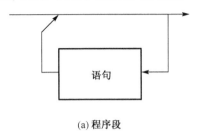

(a) 程序段

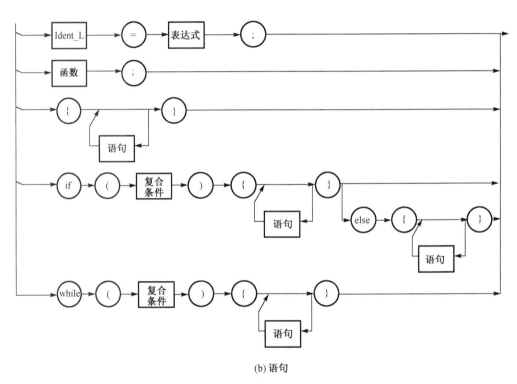

(b) 语句

图 4.36　语法描述图

另外，如果输入命令语言从词法分析和语法分析角度均符合要求就调用视觉检测算法库中相应的函数或类成员函数以执行指定的图像处理功能。

### 4.5.5　视觉检测多线程通信与数据共享

通常在机器视觉检测系统中，主要包含图像获取任务、图像识别任务、控制响应任务、数据库访问任务以及人机交互等。为了满足视觉检测系统的实时性，这些任务一般都作为一个线程单独运行，而这些线程之间又存在着频繁的线程间通信与数据共享。为了实现高效的线程间通信与共享数据访问，尤其是大量图像数据的传输，有必要设计相关的高效快捷的线程通信机制与共享数据结构。

目前，大多数视觉检测系统都采用图像获取线程获取图像，然后转交给上层图像分析线程进行缺陷识别处理。但如果图像获取线程每获取一个图像帧，便向图像分析线程传输一次，图像获取线程所产生的频繁图像传输将使视觉检测系统疲于不断地图像传输中断响应、内存拷贝，而无暇对所采图像进行分析识别。另外，图像分析线程的处理速度相对图像获取线程较慢，如果在一幅图像获取的间歇，图像分析线程没有处理完前一帧图像的话，则没有时间响应当前图像帧的数据传输，从而导致该图像帧的丢失。如果丢失的图像中包含有缺陷信息，则会严重影响视觉检测系统的识别率。因此，可采用一个先进先出的队列管理这些图像数据帧，以实现图像获取线程与图像分析线程间有序的共享。

其实，以上图像获取线程与图像分析线程之间存在的生产者与消费者关系在视觉检测系统中多处存在，如图像分析线程识别的缺陷信息由数据库记录线程保存到处理速度相对较慢的数据库系统，图像分析线程识别的缺陷喷码或打标信息由喷码或打标线程去执行。所有这些线程通信和数据共享都有这样一个共享，即生产者与消费者的速度不匹配，但是视觉检测系统的实时性要求很高，不可能让这些线程实现同步访问，所以采用共享队列实现不同线程的异步访问。同时，共享队列应提供统一的接口，以适应视觉检测系统中不同线程间共享不同数据信息的需求。

设计良好的数据结构不仅能够合理地组织多种共享数据，更重要的是包含这些共享数据的线程处理相关信息，方便不同线程之间的交互和共享。为此，设计一个通用的线程共享队列类 CQueue，该类包含一个数据域 Data，一个用于组织各节点为一个队列的 next 指针域。为了实现数据封装的通用化，设计了 CQueNode 链表类，其中 m_pData 是 CQueNode 类的数据指针，m_pNext 用于形成 CQueNode 节点链表。类 CQueNode 没有定义具体的数据类型，仅作为 CFrame、CDefect、CMark 等数据共享结构类的一个通用封装，以链接到 CQueue 队列中。其相互间关系如图 4.37 所示。

针对不同线程间通信需要，CFrame 类实现图像采集线程与图像分析线程间的图像帧共享，该类包含相机 ID、图像帧序号以及图像帧数据等。CDefect 类定义了图像分析线程与数据库保存线程间的共享数据结构，该类包含缺陷图像所对应的相机 ID、图像帧序号、图像数据以及缺陷信息链表。由于图像中的缺陷信息可能有多个或者多类，故定义一个图像缺陷数据结构 FEATURE，该结构包含缺陷序号、所在的图像序号、缺陷类型、位置、大小、面积等信息，并可由其 m_pNext 指针组成缺陷信息链表。CMark 类实现图像分析线程与喷码线程间的数据共享，该类从缺陷信息中提取出用于喷码标记的信息，主要包括相机 ID、图像序号、缺陷类型所对应的喷码类型、当前系统运行速度、时间戳等。

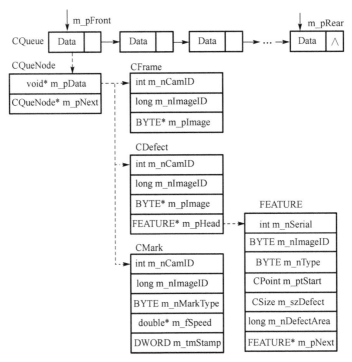

图 4.37 线程间共享数据结构

在整个视觉检测过程中，共享队列为类似于图像获取线程和图像分析线程的线程对提供生产者/消费者之间的同步与互斥。该共享队列用链表来表示，链队列中的每个节点均为一个类 CQueNode 的对象。为了实现对线程间共享队列的透明操作，采用类 CQueue 对该链队列进行封装。图 4.38 给出了该链队列类 CQueue 的 UML 图。

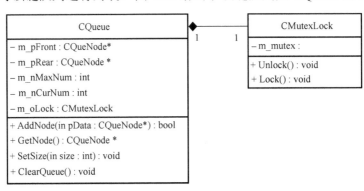

图 4.38 类 CQueue 的 UML 图

该链队列类 CQueue 包括了头指针 m_pFront、尾指针 m_pRear、链队列最大节点数 m_nMaxNum、记录当前节点数的 m_nCurNum 以及为多线程共享提供互斥保护的类 CMutexLock 的实例 m_oLock 等成员变量。另外，为调用者提供了如下接口函数：SetSize()用于设置链队列的最大节点数，并初始化队列；AddNode()、GetNode()和 ClearQueue()用于操作链队列，依次为把新的 CQueNode 节点插入到链队列尾部、从链队列首端取出一个节点和清空整个链队列。值得注意的是，该链队列不同于一般队列，存在多个线程同时操作该链队列。因此，每个接口函数在真正进行链队列操作之前都会调用实例 m_oLock 的 CMutexLock::Lock()方法锁住该链队列，待链队列操作完成后再调用 m_oLock.Unlock()方法释放该互斥锁。

在第 3 章图像获取内存预分配策略一节中，介绍了采用类 CMemPool 管理预分配内存块链表的机制和用于图像帧保存的内存块预分配处理流程。类似地，在视觉检测系统的其他线程交互中同样存在大量内存块频繁分配、共享、释放的情况。因此，对于图 4.38 中所涉及的所有类与结构，都可以建立各自的内存池，然后各线程有序地从这些内存池中获取与释放需要的内存块。

下面以图像获取线程与图像分析线程的数据共享为例，介绍共享内存池的使用方法。这两个线程的共享数据主要封装在类 CFrame 中，为了加入共享队列，它需要一个外壳 CQueNode 类；为了保存图像数据，它需要一个内存缓冲区。因此，该内存池由三个小内存池联合组成，并定义类 CFrameMemPool 来实现其管理。CFrameMemPool 类包括了三个类 CMemPool 的实例：m_oQuePool、m_oFramePool和 m_oBufferPool，分别用来管理一个 CQueNode 类对象链表、一个 CFrame 类对象链表和一个保存图像帧的内存块链表。该类采用的预分配策略、提供的函数接口及函数实现与类 CMemPool 基本相似，主要提供了 SetBufferSize()、NodeAlloc()、NodeFree()和 NodeFreeAll()等内存池的基本操作接口。

由于类 CQueNode 与 CFrame 的大小固定，故不必提供专门的函数设置对象 m_oQuePool 与 m_oFramePool 中各节点的大小，只需在函数 SetBufferSize()中通过调用对象 m_oBufferPool 的 SetSize()方法对保存图像帧的内存块大小进行设置即可。函数 NodeAlloc()通过依次调用对象 m_oQuePool、m_oFramePool 与 m_oBufferPool 的 Alloc()方法，分别从各自的内存链表中取出一个 CQueNode 节点、CFrame 节点和一个内存块节点，并把 CQueNode 节点的指针变量 m_pNext 指向 CFrame 节点，CFrame 节点的指针 m_pImage 指向内存块的首地址，最后返回 CQueNode 节点的首指针。

而函数 NodeFree()正好相反，分别以待释放的 CQueNode 节点地址、CQueNode 节点的指针 m_pNext 所指的 CFrame 节点地址以及 CFrame 节点的指针 m_pImage 所指的内存块首地址为参数，依次调用对象 m_oQuePool、m_oFramePool 与 m_oBufferPool 的 Free()方法，分别把该 CQueNode 类对象、CFrame 类对象和图像内存块归还给各自的内存链表。函数 NodeFreeAll()则借助类 CMemPool 的 RealFree()

方法分别释放这三个 CMemPool 对象所管理的内存链表。图 4.39 为类 CFrameMemPool 的 UML 图。

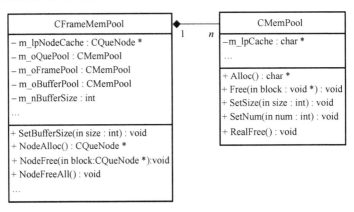

图 4.39　类 CFrameMemPool 的 UML 图

当实例化一个类 CFrameMemPool 的对象并释放所有 CQueNode 节点形成内存池后，每当图像获取线程封装所获取的图像帧到 CQueNode 类对象并提交共享队列后，便调用该对象的 NodeAlloc() 方法从内存池取出一个新的 CQueNode 节点，开始新的图像帧获取；而图像分析线程每次从共享队列取出一个 CQueNode 节点并处理分析完其中的图像之后，调用该对象的 NodeFree() 方法把该 CQueNode 节点归还给内存池。其他的线程通信与共享数据结构可以采用类似的机制实现与管理。

### 4.5.6　视觉检测数据库设计

数据库是指存储在一起的有组织、可共享的数据集合，由数据库管理系统对数据库的操作提供一种公用的、可控的方法，既能接受用户或终端命令对数据库提出的访问要求，又能提供数据库的维护功能，保障数据库的安全。

对于视觉检测系统重构平台而言，数据库系统是必不可少的重要组成部分，用于保存视觉检测系统的配置信息以及产品检测信息等。因此，设计相应的数据库是其先决条件。通常数据库设计应保证数据的逻辑独立性、数据的完整性、数据的共享性、数据的安全性以及良好的人机界面。然而，这对于非计算机专业人士而言，是相当困难的。所以，视觉检测重构平台的任务就是将设计数据库系统必要的结构信息总结出来，以简单易懂的形式体现在数据库组态界面上，用户只需按照自己的应用需求定制数据库表与字段信息，由重构平台把这些界面上的数据组态描述信息转化为具体的数据库。

在视觉检测系统重构平台中，数据库系统按其组织存储的方式不同可分为两大类：一类是视觉检测系统运行配置参数，主要实现相机、采集卡等硬件参数设置，以及图像处理流程描述;另一类是视觉检测系统的数据字典以及产品实时数据。下面分别介绍各自对应的数据库设计方法。

(1)配置参数:配置参数采用文本文件保存,按照段与键的方式结构化配置信息,用户借助可视化图形构建这些参数的组织结构后,由设计环境自动生成相应的配置文件。

(2)数据词典与实时数据:对于数据词典与产品实时数据结构的配置则相对复杂些。首先,在视觉检测系统设计环境中借助变量定义对话框定义所需的工程变量,由系统自动生成相应的数据库与变量信息表。实时数据是在视觉检测系统运行环境中产生的在线分析数据,对应于数据库中的实时产品数据表,其中字段的定义与选择可在设计环境所提供的数据库配置界面完成,该界面加载先前所定义的数据词典,以供用户选择并定义数据库。

通过以上两种方式,最后生成的配置参数文件有图像获取参数文件、图像处理流程描述文件、图形用户界面设计文件、图库文件等;定义的数据库表主要包括数据词典表、产品信息表、缺陷信息表、报警信息表、事件信息表等。每个数据表预定义了大量的字段以供用户选择配置。例如,报警信息表用来记录视觉检测过程中出现的报警事件,可供用户选择的字段包括报警时间、报警日期、变量名、报警类型、报警值、界限值、优先级、报警组别等;事件信息表用来记录视觉检测过程中用户操作的事件,可供用户选择的字段包括日期、时间、事件描述、操作者、成功标志、变量名、新值、旧值等。

另外,数据库的访问可使用 ADO 方法,通过智能指针_ConnectionPtr 建立与数据库的连接,调用_RecordSetPtr 或_CommandPtr 所提供的丰富的 API 函数,并结合 SQL 语句实现对数据库的所有操作。

### 4.5.7 视觉检测系统网络拓扑重组

对于不同的检测对象,可能需要不同的视觉检测体系结构。如检测幅面小的粘扣带,一个相机就可以完全覆盖整个粘扣带,只需要对应一个视觉检测服务器即可;然而,检测幅面大的布匹可能需要好几套图像采集与处理单元。为了适应不同的视觉检测规模与体系结构,设计了如图 4.40 所示的开放式视觉检测系统网络拓扑结构。

该开放式视觉检测系统包括机器视觉检测(客户端)、机器视觉检测(服务器)、数据库、运行环境、开发环境几个模块,这些模块既可以运行在同一台机器上,也可以分布在不同机器上,以局域网(LAN)或者广域网(WAN)相连接。该网络拓扑结构中存在两个 C/S 模型:

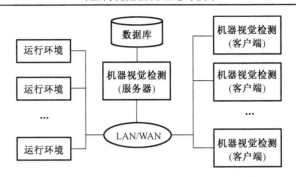

图 4.40　开放式视觉检测系统网络拓扑结构

(1)机器视觉检测(客户端)与机器视觉检测(服务器)：每个视觉检测客户端对应一个图像采集与处理单元，它们协同运行，并把各自的检测结果上报到视觉检测服务器，由视觉检测服务器对检测结果进行信息融合与统计分析，并把相应的检测数据保存在数据库中。视觉检测服务器与视觉检测客户端可以由一个程序实现，可通过参数配置设置运行实例是以服务方式运行还是客户端方式运行。采用该设计方式，一方面简化了程序设计，另一方面增加了系统的可扩展性。当检测对象较多或者尺寸较大时，可以多启动几个视觉检测程序，并配置为客户端运行；当检测对象小且唯一时，可仅仅启动一个视觉检测程序，并使其退化为客户端。

(2)机器视觉检测(服务器)与运行环境：在该层次中，每个运行环境相当于客户端，机器视觉检测(服务器)主要是为上层的运行环境提供图像与数据信息，驱动运行环境的动画显示与状态更新。

开发环境主要用于视觉检测系统的重构，在服务端或客户端运行均可。由于网络通信相对较独立，设计了专门的服务器与客户端类，用于通用数据结构的发送与接收，当机器视觉检测服务器、客户端以及运行环境等需要网络通信时，嵌入相应的通信类对象，并调用其接口函数实现数据的传输。

通信服务器与客户端类采用 Winsock API 实现。Winsock 是 TCP/IP 编程体系中最低级的 Windows API，其代码的一部分位于 wsock32.dll，另一部分位于 Windows 核心。对于众多的基层网络协议，Winsock 是访问它们的首选接口。在 Win32 环境中，Winsock 接口最终成为一个真正的"与协议无关"的接口。它能无缝的在多台主机的进程之间进行通信，并提供了完善的通信接口。因此，这里使用 Winsock 来完成。

在 TCP/IP 网络中两个进程间相互通信的主要模式是客户端/服务器模式。该模式的建立基于以下两点：一是非对等作用，二是通信完全是异步的。客户端/服务器模式在操作过程中采取主动请示方式。

首先服务器方要先启动，并根据请示提供相应服务，其流程如下：

(1)打开一个通信通道，并告知本地主机，它愿意在某一个指定地址上接收客户请求。

(2)等待客户请求到达该端口。

(3)接收到服务请求，处理该请求并发送应答信号。

(4)返回第二步，等待另一客户请求。

(5)关闭服务器。

相应的客户端处理流程如下：

(1)打开一个通信通道，并连接到服务器所在主机的特定端口。

(2)向服务器发送服务请求报文，等待并接收应答，并继续提出请求，以此类推。

(3)请求结束后，关闭通信通道。

为了实现以上通信过程，利用套接字的使用步骤如下：

(1)启动 Winsock(针对服务器端和客户端)：对 Winsock DLL 进行初始化，协商 Winsock 的版本支持并分配必要的资源。

```
int WSAStartup( WORD wVersionRequested, LPWSADATA lpWSAData )
```

(2)创建套接字(针对服务器端和客户端)：

```
SOCKET socket( int af, int type, int protocol )
```

(3)套接字的绑定(针对服务器端和客户端)：将本地地址绑定到所创建的套接字上。

```
int bind( SOCKET s, const struct sockaddr FAR * name, int namelen )
```

(4)套接字的监听(针对服务器端)：

```
int listen(SOCKET s, int backlog )
```

(5)套接字等待连接(针对服务器端)：

```
SOCKET accept( SOCKET s, struct sockaddr FAR * addr, int FAR * addrlen )
```

(6)套接字的连接(针对客户端)：将两个套接字连接起来准备通信。

```
int connect(SOCKET s, const struct sockaddr FAR * name, int namelen )
```

(7)套接字发送数据(针对服务器端和客户端)：

```
int send(SOCKET s, const char FAR * buf, int len, int flags )
```

(8)套接字接收数据(针对客户端)：

```
int recv( SOCKET s, char FAR * buf, int len, int flags )
```

(9)中断套接字连接(针对服务器端和客户端)：通知服务器端或客户端停止接收和发送数据。

```
int shutdown(SOCKET s, int how)
```

(10)关闭套接字(针对服务器端和客户端)：释放所占有的资源。

```
int closesocket( SOCKET s )
```

# 第5章　可重构的机器视觉检测平台与重构实例

本章以所提出的视觉检测硬件系统与软件系统重构方法为指导，开发了一个可重构的机器视觉检测平台。介绍了该视觉检测重构平台的功能模块及开发方法，并采用该重构平台分别开发了粘扣带质量视觉检测系统、导爆管自动视觉检测系统、电子接插件视觉测量系统以及大米品质视觉检测系统，验证了所提出的视觉检测系统重构方法与重构平台在纺织、工业、电子以及农业等众多领域的有效性和实用性。

## 5.1　可重构的机器视觉检测平台

本节介绍了可重构的机器视觉检测平台中工程管理、重构开发环境以及重构运行环境等关键程序的开发方法，并通过实例描述了机器视觉检测重构平台的编程与使用方法。

### 5.1.1　可重构视觉检测平台开发

可重构视觉检测平台的软件构成如图 5.1 所示，可分为设备驱动、操作系统、开发工具和应用程序四个层次。其中，应用程序层按照系统功能的独立性原则可分为工程管理器、开发环境和运行环境三个程序模块，每个模块由一个主程序与若干个子程序组成，模块间功能上相互独立、逻辑上由数据库协调统一。三个应用程序主要采用 Visual C++集成开发环境开发，数据库采用 SQL Server。设备驱动层主要包括图像采集卡、相机、各种 I/O 控制设备的驱动封装以及参数配置。下面分别介绍三个应用程序的实现方法与项目数据库设计。

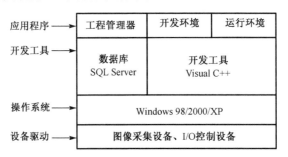

图 5.1　可重构视觉检测平台的软件配置

## 1. 工程管理器

工程管理器是视觉检测系统重构平台的核心部分和管理开发工具，负责集中管理在视觉检测系统设计环境中已设计的图形用户界面、命令语言、设备驱动程序管理、数据库配置等工程资源，并在一个统一的窗口中以树形结构排列显示，方便了用户的资源检索与编辑。

工程管理器程序采用单文档视图结构，其创建新工程与打开工程借助 CMainFrame 类的 OnFileNew() 函数与 OnFileOpen() 函数实现，其伪代码如下：

```
void CMainFrame::OnFileNew()
{
    // 创建用户指定的新工程目录及相应的资源子目录
    // 复制样本工程到新工程目录下
    // 以新工程项目数据库初始化工程管理器
    // 其他设置
    ......
}
void CMainFrame:: OnFileOpen ()
{
    // 读取用户指定的工程项目数据库
    // 将项目数据库的资源数据添加到工程管理器中
    ......
}
```

工程管理器把主窗口分为左右两个视图，左边窗口中的树形视图加载工程数据库中的各种资源，右边窗口中的列表视图现在选定资源目录下的所有资源信息。为了实现主窗口的分割，在 CMainFrame 中定义变量了以下变量：

```
CSplitterWnd    m_wndSplitter;       //分割条窗口类对象
CResTreeView *  m_pResTreeView;      //指向左边树形窗口的指针
CContListView*  m_pContListView;      //指向右边内容窗口的指针
```

并由函数 CMainFrame::OnCreateClient() 完成分割，并指定相应的视图类，具体实现如下：

```
BOOL CMainFrame::OnCreateClient(LPCREATESTRUCT lpcs, CCreateContext*
    pContext)
{
    ......
    if (!(bSuccess = m_wndSplitter.CreateStatic(this, 1, 2, WS_CHILD|
        WS_VISIBLE, AFX_IDW_PANE_FIRST)))  //分割主窗口为两个窗口
```

```
        {......}
        if (!(bSuccess &= m_wndSplitter.CreateView(0, 0, RUNTIME_CLASS
            (CResTreeView), size, pContext)))
                                        //创建左窗口为CResTreeView类型
        {......}
        if (!(bSuccess &= m_wndSplitter.CreateView(0, 1, RUNTIME_CLASS
            (CContListView), size1, pContext)))
                                        //创建右窗口为CContListView类型
        {......}
        m_pResTreeView=( CResTreeView *)m_wndSplitter.GetPane(0,0);
                                        //连接左视
        m_pContListView=(CContListView*)m_wndSplitter.GetPane(0,1);
                                        //连接右视
        m_pContListView->SetHeading(); //初始化右视窗口的表头
        ......
    }
```

在左窗口的树形视图中，分别创建对应于图形用户界面、命令语言、数据词典、报警组、设备等资源的类，并实例化为树形视图的节点。

2. 开发环境

视觉检测系统开发环境主要用于图形用户画面的制作和管理，包括以下菜单功能：
(1) "文件"菜单：提供画面管理及维护、退出开发环境等。
(2) "绘图"菜单：提供各种编辑命令。
(3) "窗口"菜单：提供各种对齐方式。
(4) "设置"菜单：提供画面制作时所用的各种图形对象命令。
(5) "图库"菜单：负责图库的管理。
(6) "帮助"菜单：提供开发环境的在线帮助。

视觉检测系统开发环境所提供的图形对象绘制、图形编辑、动画连接、图库与文件存储等功能及实现在第4章图形用户界面的可视化设计中已详细介绍过了，这里不再赘述。

3. 运行环境

运行环境与开发环境有很多相似之处，但很多功能在运行环境中是不能操作或者是只读的。例如，运行环境中的图形对象模块与开发环境中的图形对象模块一样，但在运行环境中没有图形编辑模块，图形对象模块中的图形对象只能显示视觉检测得到的图像与识别数据；开发环境中的动画连接模块用于定义动画连接，而运行环境中的动画连接模块则进行动画连接的演示；运行环境中的文件模块只能读取文件，而不需要文件存储功能。

当运行环境载入视觉检测用户界面时，所有的数据表示与操作方式都需要利用脚本语言解释器执行：

（1）对于一般的数据表示和操作方法，根据数据显示或操作方法的图形对象 ID 找到配置方案所关联的图元对象指针，当响应系统事件时调用配置方案中数据显示或操作方法，利用脚本语言执行器执行配置方案中的脚本，从而改变检测界面上图形对象的状态。

（2）对于 Active X 控件数据表示和操作方法，系统将在定时器触发时采集 Active X 控件的输出数据，将相应要显示的数据输入 Active X 控件中，并执行一段脚本语言以响应这些控件的状态改变。

运行环境中打开的每个检测画面所对应的视图对象都有一个定时器，定时中断到达时将开启动画演示线程，动画演示线程函数如下所示：

```
UINT Animate(LPVOID param)
{
    while( 1 )  //采用线程死循环，使得视图画面不断地被刷新
    {
        //根据视觉检测服务器的数据更新画面上图形对象的属性
        ((CMVViewView*)param)->UpdateData();
        //如果要关闭此画面，则跳出死循环
        if( ((CMVViewView*)param)->toEnd )
            break;
        //如果不关闭此画面，则休眠一个时间间隔
        else
            Sleep( nUpdateInterval );
    }
    //如果跳出死循环，则置位标志不再对本画面进行动画演示
    ((CMVViewView*)param)->bAnimate = false;
    return 1;
}
```

画面上图形对象属性更新函数 UpdateData()的运行流程如下。

（1）对画面中的每个 Active X 控件，调用其运行函数 Run()，使控件得到视觉检测服务器的最新数据。

（2）对于每个数据显示动画连接对象，调用其动画演示函数 Animation()，使得与动画连接对象关联的图形对象的属性根据最新数据进行相应的改变。

（3）创建内存位图。

(4)对于画面上的每个图形对象，将其显示在内存位图中。

(5)对于画面上的 Active X 控件，计算其在画面上所占的区域，从内存位图中去掉每个 Active X 控件的显示区域。

(6)将内存位图显示在屏幕上。

(7)删除有关环境上下文与内存位图。

4. 项目数据库

工程管理器主要实现对项目数据库的设计和管理。由于项目数据库主要保存项目配置信息，数据并不是很大，为了使用方便选用 Microsoft Access 作为项目数据库。其主要数据表的设计如下。

(1)DataDictionary 表：这是项目数据库中最重要的一张表，即所谓的数据字典。用来保存变量名、变量类型、变量 ID 号、优先级、最大值、最小值、高报警、低报警、报警组名等与 IO 变量和图像变量相关的一切配置信息。

(2)Device 表：用来保存图像获取设备与外围 I/O 控制设备的配置信息。包括设备名称、生产厂家、设备类型、通信方式、设备地址、驱动动态链接库名称、触发方式等。

(3)PictureManage 表：记录图形用户界面的信息，如画面名称、画面文件名称、注释、有无边框、大小是否可变、是否有标题栏等。

(4)AlarmGroup 表：记录报警组名。

(5)UserConfig 表：记录用户信息，如用户名、用户密码、用户权限、登录超时时间、用户注释等。

## 5.1.2　可重构视觉检测平台模块

按照开发环境设计、运行环境检测的思路，整个机器视觉检测重构平台可以分为以下七个功能模块。

1. 工程管理模块

工程管理模块主要有搜索工程、新建工程、删除工程、工程备份以及工程恢复等功能，可以直接由工程管理器进入所选具体工程的开发环境，以管理和维护视觉检测工程中所涉及的各种信息。在视觉检测工程项目管理中，主要将视觉检测项目中的一些配置信息写入到项目数据库，或者对其进行修改。这些配置信息主要包括：视觉检测界面信息、命令语言设置(包括视觉检测命令语言、数据改变命令语言、事件命令语言、热键命令语言、自定义函数命令语言)、数据字典(视觉检测项目相关的图像变量、控制变量和系统变量的定义、修改与删除)、报警组、硬件设备(各种相机、采集卡与 I/O 控制器的添加、修改与删除)、系统配置(运行系统设置、产品缺陷数据记录设置、用户配置)等。

## 2. 图形绘制模块

图形绘制模块负责所有视觉检测界面的绘制，是视觉检测重构平台中最主要的开发模块之一。根据所完成的功能不同，可以将其划分为以下几个子模块。

(1)图形对象子模块：其主要功能是完成对各图元(如线、圆、半圆、椭圆、矩形、多边形、正多边形、文字、填充图形、位图等)的绘制，实现对图元操作的统一接口，为图形编辑提供具体实现。

(2)图形编辑子模块：其主要完成各图元的缩放、移动、拉伸变形、复制、粘贴、旋转、组合、打散等编辑功能。

(3)动画连接子模块：是视觉检测界面中动画显示的核心，通过它将图元的属性、位置和状态信息与视觉变量的数值或条件表达式等关联起来，从而实现产品图像及其识别结果的动态显示效果。

(4)控件子模块：为视觉检测重构平台中复杂显示功能的一种扩展形式。丰富的控件库不仅美化了视觉检测界面，更增强了视觉检测结果的展示功能。视觉检测重构平台应具备的基本控件可包括产品缺陷率等实时与历史趋势图、产品检测日报表、缺陷报警报表、操作事件报表、视觉检测实时报表等。

(5)图库和文件存储子模块：完成图库的建立、删除以及文件的存储功能，以实现用户自定义图元的功能。

## 3. 数据库访问模块

数据库是整个视觉检测重构平台的核心部分。为了提高数据库读写效率，将数据库设计为配置数据库与缺陷数据库两大部分。配置数据库主要保存视觉检测系统的工程信息，由视觉检测工程管理器写入配置数据，再由机器视觉检测服务器读取工程配置信息并实施图像采集与处理。缺陷数据库则维护视觉检测过程中所需要保存的产品信息与缺陷数据，主要由机器视觉检测服务器对其进行操作。由于涉及的数据库操作者较多以及分布式拓扑结构的引入，要求该模块具有远程数据库建表、查询、读写、删除等操作。

从访问数据库类型来看，工程项目管理器的所有配置数据可存储在 Access 等简单数据库中，而将所有产品信息、缺陷数据以及检测设备实时运行参数等定时存储到 SQL Server 类型的数据库中。

## 4. 网络通信模块

网络通信模块实现分布式拓扑结构中机器视觉检测服务器与视觉检测客户端之间的定时数据交互。主要涉及配置数据库中视觉检测配置参数到机器视觉检测服务器的远程加载、机器视觉检测服务器识别数据到缺陷数据库的远程存储，以及机器视觉检测服务器检测结果数据定时上载到视觉检测客户端，刷新视觉检测界面上的图像显示、识别结果的更新以及现场控制设备的状态。

5. 视觉检测模块

视觉检测模块主要由机器视觉检测服务器完成，主要实现异构图像获取环境下的通用图像获取、按视觉检测工程配置数据设置图像采集设备、图像处理与识别等功能，是整个视觉检测系统的业务核心。

6. 命令语言编译模块

命令语言是视觉检测系统运行环境功能实现的核心，主要完成视觉检测界面配置中所定义动作以及基于类 C 语言的图像处理流程描述脚本的解释和执行，以最大限度地提高视觉检测重构平台的灵活性，是整个重构平台的精髓所在。

7. I/O 设备控制模块

I/O 设备控制模块主要实现对现场 I/O 设备的控制以对视觉检测的结果做出响应，如控制变频器改变生产线速度、控制电磁阀实现缺陷产品的剔除等。该模块为工业控制系统常规功能，主要通过各类控制器、总线协议等控制外部设备。

## 5.1.3 可重构视觉检测平台编程方法

机器视觉检测系统是一种涵盖了光学技术、电子技术、图像处理技术、网络技术、数据库技术、总线技术、软件工程、组件技术等多领域技术并集于一身的大型应用系统，其开发难度和工作量很大。上述的软件体系结构、网络拓扑、数据库设计、图形设计环境、系统运行环境、图像检测算法类库等设计方法与开发工具为一个机器视觉检测系统搭建了通用的、基础的视觉检测系统，用户只需要在该视觉检测重构平台上配置相应的系统参数、绘制图形用户界面、描述图像处理与识别算法便可完成一个面向具体产品检测的、实用的视觉检测系统。下面以导爆管视觉检测系统为例，介绍视觉检测重构平台的开发流程与使用方法。

1）创建工程

打开工程管理器，新建一个视觉检测工程，输入工程名并选择相应的工程路径。

2）定义逻辑设备

所有的相机、采集卡、I/O 控制设备在重构平台中都是以逻辑设备来呈现的，所有与外部硬件设备的交互都通过其对应的逻辑设备代理完成。只有定义了逻辑设备，工程管理器才能把随后定义的图像变量、相机参数变量、I/O 变量等与设备的端口地址、存储空间等关联，从而与设备交换数据。其实，逻辑设备的定义主要是通过配置设备相关参数、加载对应的驱动以连接与初始化设备。为了方便用

户定义硬件逻辑设备，工程管理器采用"设备配置向导"引导用户一步步地完成
设备的连接。

3）定义数据变量

工程数据库中的数据变量也称为"数据词典"，数据词典包含了视觉检测工程中
用到的所有数据变量的详细信息。通过双击工程管理器左侧窗口中的"数据词典"，
进入数据词典定义窗口，所有在视觉检测工程中所定义的变量将以列表形式显示在
工程管理器右侧窗口中。其中，变量列表最上面的时间、用户名以及访问权限是预
定义的系统变量，用户不能更改这些变量。在数据词典窗口右侧的变量显示列表中
双击最后一行的"新建"，则弹出变量属性对话框，通过输入文本框、下列列表以及
选择按钮等控件设定所定义变量的名称、类型、值域范围、报警设置、关联的硬件
设备等属性。工程管理器中的变量定义如图 5.2 所示。

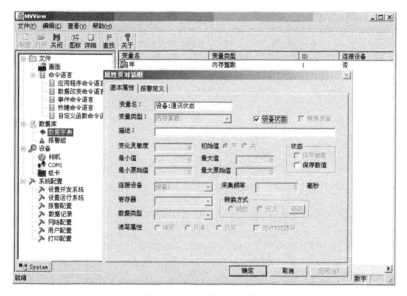

图 5.2　工程管理器界面

另外，在工程管理器左侧窗口中，提供了报警值、命令语言、系统配置等资源
的设置，用户可以按照视觉检测工程的实际需要，双击这些节点，打开对应的对话
框进行资源定义与参数设置。其定义流程与数据变量定义类似，但由于视觉检测图
形用户界面的设计较复杂，由专门的开发环境进行设计。

4）检测界面设计

视觉检测系统界面设计主要在画面开发系统中完成。在工程管理器中选择
"画面"，双击右侧窗口中的"新建"，打开画面开发系统程序，在弹出的画面属
性对话框中，定义画面的名称、大小、位置、画面风格以及存储画面的文件名。
然后，利用画面开发环境提供的绘图工具与图库以 CAD 软件类似的方式绘制视

觉监控界面，并为这些图形对象关联相应的动画连接与数据变量。检测画面开发环境如图 5.3 所示。

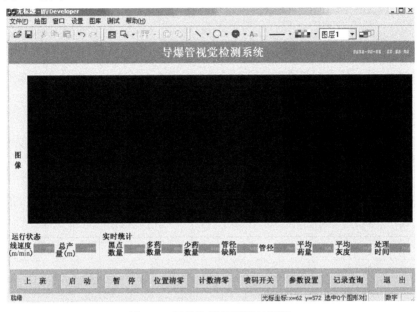

图 5.3　视觉检测界面设计环境

5）运行视觉检测系统

完成以上所有配置后，开启视觉检测服务器与数据库服务器，在客户端运行视觉检测系统运行环境，为运行环境配置好视觉检测服务器信息，成功连接视觉检测服务器后，重构的视觉检测系统便运行起来了，如图 5.4 所示。

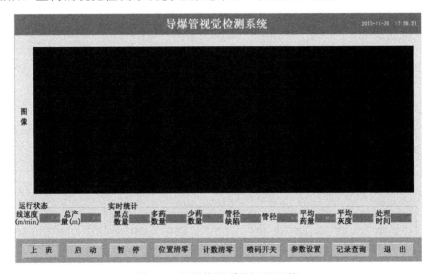

图 5.4　视觉检测系统运行环境

## 5.2　基于重构平台的粘扣带质量视觉检测系统实现

粘扣带又称子母扣或者称为魔术贴。据记载它诞生于瑞士，20 世纪中叶时，一位老人于上山旅游之际，无意中发现一种植物粘于衣物上，于是启发了他的灵感，经过长时间的努力和研究，终于发明了粘扣带。粘扣带是以绵纶、涤纶等化纤材料制成一面带小勾子，另一面带小毛绒绒圈，两面具有一碰即粘合，一扯即分开的特性。它逐渐取代拉链、搭钩、鞋带、纽扣和其他用来粘合扎紧物品的产品，更适应现代社会快节奏的生活潮流需要，被誉为"20 世纪最重要的 50 项发明之一"。随着现代生活节奏的加快，粘扣带被广泛地运用在服装、鞋帽、包袋以及医疗、电子、航天和军事领域。目前我国的粘扣带厂家分布在福建、广东和浙江一带，现有生产粘扣带企业几十家，年产值几十亿元。目前不仅为国内广大鞋服类等生产企业提供粘扣带，而且还远销海外。其实物如图 5.5 所示。

在粘扣带的生产过程中，大都采用自动化较高的机器来纺织，而在其表面质量检测方面，由于缺乏相应的设备，所以在现代化流水线后面常常可看到很多的检测工人来执行这道工序，给企业增加巨大的人工成本和管理成本。而且即使在最好的情况下，仍然无法保证100%的检验合格率(即"零缺陷")。对粘扣带质量的检测是重复性劳动，效率低、劳动强度大，且检验结果易受工人主观因素的影响等缺

图 5.5　粘扣带实物图

点。目前，人的肉眼只能检测到现有缺陷的 60%，并且粘扣带的宽度不能超过 2 米，粘扣带移动的速度不能超过 30m/min。粘扣带质量控制是粘扣带生产厂家所面临的最重要也是最基本的问题，这对于降低成本及提高产品的最终质量，进而在国际市场竞争中取得优势是非常重要的。在大批量的粘扣带检测中，用人工检查产品质量效率低且精度不高，用机器视觉检测方法可以大大提高生产效率和生产的自动化程度。这些需求使得客观、可靠、省时及低成本的检测评价标准成为产品生产所必须具备的条件。

而随着计算机图像处理技术及识别技术的迅猛发展，为粘扣带这类很难用一般传感器检测的产品提供了一种新方法，使得基于数字图像处理的在线疵点检测系统成为可能，并越来越受到人们的重视，渐渐成为质量检测的一种趋势。为此，研制了一套自动粘扣带缺陷检测系统，为解决上述检测方法的不足提供了一种切实可行的方法。

以之前的视觉检测可重构技术为基础，根据粘扣带质量检测的实际需求，在提

出的视觉检测可重构平台下设计出一套基于机器视觉的粘扣带表面疵点在线检测系统。以下按系统软件部分和系统硬件平台两大部分分别予以介绍。

### 5.2.1　系统硬件设计

#### 1.　相机选型

图像采集是机器视觉系统最核心的硬件设备，它负责图像的获取，所得图像的好坏直接关系着整个系统的成败。因此，在相机的选型时要慎之又慎。

工业相机种类很多，根据其工作方式，可以分为面阵相机和线阵相机两种。面阵相机的成像原理与日常使用的数码相机一样，在保证被拍摄物体与相机之间相对静止后，触发拍照。从其成像原理不难发现：这种方式在流水线上连续运动产品的检测中必然受限，因为被检对象是不断"流动"的，相对静止的时间不足以完成曝光。而粘扣带视觉检测系统的检测对象存在一定的周期性，为流水线上不间断运动的连续产品，检测时为保证做到100%检测，而且保证曝光及时、图像清晰等要求，该在线视觉检测系统需要依靠线阵数字相机完成。

目前，线阵相机中主流的成像元件是 CCD，少数低成本方案中会采用基于 CMOS 芯片的线扫描相机。因为 CMOS 生产简单、成本低，得以较快普及，但是 CMOS 成像质量相较于 CCD 差，特别是噪声控制上存在较大差距，使得 CMOS 在高端应用中鲜有建树。CCD 尽管制造复杂、成本高昂，但是优异的成像质量能保证在复杂工业条件下取得良好的图像，仍占据目前市场主流。近年来，CMOS 技术的长足进步正在逐步缩小二者之间的成本差距。

根据以上分析，选择加拿大 DALSA 公司生产的 Spyder 2 系列线扫描相机，其体积紧凑、快速、高效，分辨率为 4096。

#### 2.　光源

基于机器视觉的图像处理对工作环境十分的敏感，如噪声、污染、目标偏移、光照不均等。其中光照的变化对图像采集效果影响尤为重要，均匀合适的光照能使系统获得清晰、对比度高的图像，否则采集到的图像背景与前景在很大程度上混为一团，将对系统后续的处理十分不利。为此，一个好的光源照明系统应该具备以下特点：能提供清晰、均匀、稳定的光照，使背景与前景尽可能的产生明显的区别，增强图像的对比度。目前，光源的选择很多，如 LED 光源、日光灯、卤素灯等，并且各种光源在形态、规格上也千差万别。

由于传统的日光灯是直接使用 50Hz 的交流电，它的频闪是 100Hz，而线阵 CCD 相机的扫描曝光时间通常都是 μs 级。因此，若选用传统的日光灯作为照明光源，其频闪会产生周期性的明暗不均的图像，严重地影响采集图像的质量。而 LED 光源采用直流源驱动，完全没有频闪。尽管现阶段 LED 光源的价格已十分便宜，但相对于普通荧光灯还是存在差距。而荧光灯直接使用也会出现频闪，影响成像。因此，综合考虑后采用荧光灯作为光源，但实际应用中为荧光灯添加了高频电源以消除频闪。同时，考虑到粘扣带的透光性较差，采用正面照明，而且应尽量保证粘扣带位于 CCD 相机的正下放，其光源设置采取如图 5.6 所示的方式。

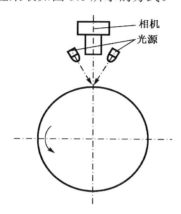

图 5.6　粘扣带在线视觉检测系统光源布置

3．工控机

有了可靠的图像采集模块，剩下的就是对所获取的图像进行有效的处理。一般为保证图像处理的稳定高效，都采用工控机平台来实现。这里选择的是 Intel 平台，采用多核多线程处理器，保证图像的及时处理。同时，采取硬盘冗余设计，保证系统数据的安全。为了对疵点粘扣带实施修补处理，采用发现缺陷停机的响应方式，停机功能主要由变频器控制带动辊子旋转的主电机实现，而计算机对外围设备的控制则通过基于 PCI 的控制板卡完成。

## 5.2.2　系统软件设计

1．软件处理流程

粘扣带的在线检测速度较快，这就要求图像处理软件具有足够强大的处理能力。但在实际操作中，计算机的性能并不是无限提高的。另一方面，再强大的计算机硬件仍然会在图像处理时出现卡顿等突发情况。为此，有必要在处理流程中添加一个图像缓冲区。其具体流程如图 5.7 所示。图像采集后先进入缓冲区，然后通过图像处理软件对图像中是否存在疵点进行判断；如果存在，则进一步对其进行识别、分类，并将检测结果输出。

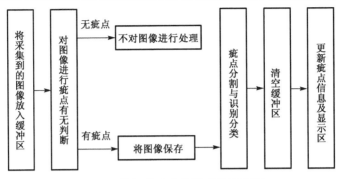

图 5.7　粘扣带疵点检测系统流程图

## 2. 软件界面

为了满足企业的实际需求，粘扣带在线视觉检测的根本目的是指示企业在后续对各项工艺参数进行调整，提高生产力，改善产品质量。因此，对各种疵点的信息需要有一个较为完备的统计，如疵点的种类、数量、严重程度等。图 5.8 为系统软件界面，该界面为触摸设计，操作员可以直接在屏幕上做出各项操作，如系统的启停、检测参数的设置、检测报告的打印等。

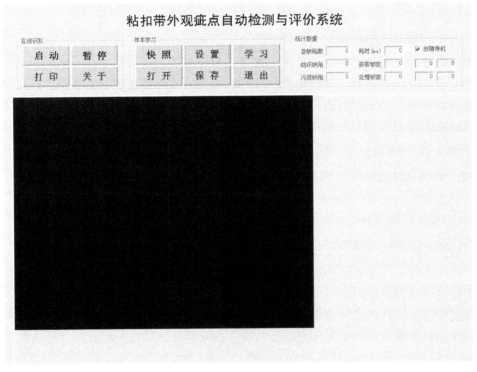

图 5.8　粘扣带视觉检测系统运行界面

在检测参数的设置中提供了若干可调参数，便于针对不同种类粘扣带的检测实施调整。参数设置界面如图 5.9 所示。

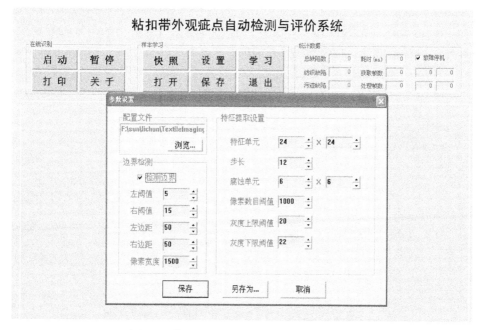

图 5.9　粘扣带视觉检测系统参数设置界面

## 5.2.3　系统运行与测试

通过大量实验，试制成功了一套完整的粘扣带外观疵点视觉检测设备，其系统外观如图 5.10 所示。

图 5.10　粘扣带外观疵点视觉检测设备

　　图 5.11 给出了该粘扣带视觉检测系统在线运行时的软件界面图。通过大量现场测试发现，该粘扣带视觉检测设备对于细如头发丝的纤维混入都能够准确检测出来，大大超出了之前的预期，受到企业的好评。目前，该视觉检测设备设定的经济检测速度为 120m/min，检测精度为 0.5mm，且粘扣带幅宽可根据产品型号进行调整。

　　另外，该粘扣带视觉检测设备于 2010 年 6 月参加了在上海举行的 2010 中国国际纺织机械展览会暨 ITMA 亚洲展览会，深受各界青睐。

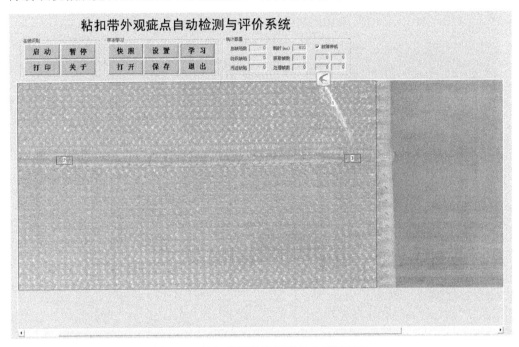

图 5.11　粘扣带视觉检测系统在线运行图

## 5.3　基于重构平台的导爆管自动视觉检测系统实现

　　塑料导爆管是非电雷管起爆系统的重要组成部分，导爆管的工作原理是以冲击波形式将爆炸能量高速传递至非电雷管，其产品和生产过程如图 5.12 所示。导爆管起爆系统在我国民用钻孔、围堰以及楼房拆除爆破等方面应用广泛[142]。

　　2010 年底，国家工信部出台了《民用爆炸物品行业"十二五"发展规划》[143]。规划显示，近五年来民爆行业以及导爆管产量呈现良好的上升势头，如图 5.13 所示。同时，规划要求，要将导爆管的市场占有率提高到 50%，而且相关高校和企业的科研人员要攻克民爆行业中研制和生产的关键技术。

　　由于爆破工程与人员、设备安全密切相关，故对起爆器材质量要求严格。其中，影响导爆管质量的因素有管径、药量、黑点数目等。由于生产中机械装置张力的作用，塑料导爆管会变细，过细的直径导致材料强度下降，传爆时容易被烧穿，引起"拒爆现象；当塑料管内某段药粉过多时，甚至火药过度堆积形成黑点，由于传爆能量过大，会烧穿管壁，炸断、炸裂导爆管；当药粉过少甚至出现断药时，则会引起爆轰波熄灭甚至传爆失败[144]。

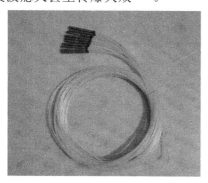

(a) 导爆管产品

(b) 导爆管生产流程

图 5.12　导爆管及其生产过程

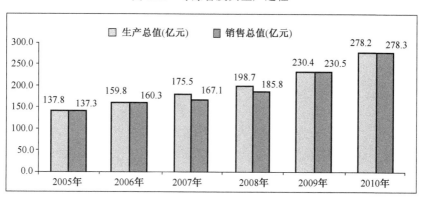

(a) 中国民爆产品2005—2010年生产销售总值

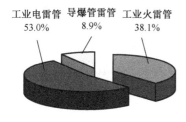

2005年

(b) "十五"工业雷管品种构成比例

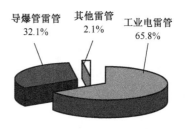

2010年

(c) "十一五"工业雷管品种构成比例

图 5.13　我国民爆行业发展现状

导爆管外观检测缺乏量化的标准，检测手段比较落后。对于透光性好的塑料导爆管，大多数企业采用人眼进行检测，人工方式检测效果差、漏检率高、受自身因数影响比较大，而且一次只能检测 8cm 左右的距离，对管径的检测仅仅依靠游标尺，对多药、少药的检测依靠天平，对黑点缺陷的检测多基于经验。少数企业采用了红外检测，但是其检测的缺陷只有多药、少药，无法检测其他内容。

近十年来，伴随着中国制造业的快速扩张，机器视觉技术得到广泛应用。对于安全性要求极高而且应用广泛的塑料导爆管来说，采用 CCD 和红外结合检测的方式极大地提高了黑点的识别率，同时，信息融合技术的应用彻底消除了重复计数。

导爆管自动检测系统高度集成了机器视觉技术、软件工程技术以及光机电一体化技术。该检测系统的任务比较多，在线检测数据量庞大，实时性要求高，因而开发高效的处理软件和选择合理的硬件配置是实现导爆管检测系统中各项功能的基础。

### 5.3.1 系统硬件设计

通过以上分析可以发现，导爆管检测中实现对其 360° 全方位检测是系统成败的关键。自然而然联想到采用双相机、乃至多相机耦合的方式是最佳保障。但此时即使能够有能力较好地实现多相机耦合，急剧增加的系统成本又成为该系统进行市场推广的最大障碍。

因此，有效解决性能与成本的矛盾是该检测系统成功与否的关键因素。通过大量实验研究，设计了一套基于 CCD 与光纤传感器信息融合的导爆管自动检测系统。利用 CCD 采集导爆管图像，检测导爆管的药量、黑点以及测量管径，光纤传感器做辅助检测。

1. 传感器选型

(1) CCD 的选择：与粘扣带视觉检测系统类似，导爆管自动检测中也使用线阵 CCD 相机，并采用编码器输出同步信号，令相机能完整地采集导爆管图像。另外，由于导爆管直径相对比较小，视场较小，故选择加拿大 DALSA 公司生产的 Spyder 2 系列线扫描相机，分辨力为 2048，行频为 18K。

(2) 光纤传感器的选择：在本系统中采用 Intersil 公司的 ISL29015 光纤传感器对导爆管特定位置的缺陷进行辅助检测，变量转换分辨率达到 16 位，可调灵敏度高达 65counts/lux，输出采用 $I^2C$ 协议，兼容 SMBus 协议。

2. 光源选择

在导爆管的检测中，光源的选择对系统的检测效果有着较大影响。导爆管是由塑料制造而成，表面存在反光，且孔径尺寸小。在这种情况下，粘扣带视觉检测系统所选用的荧光灯就显得不合适了。LED 光源可以根据具体需要定制，在该导爆管视觉检测中所需照明的范围很窄，成本较低。而且 LED 属于冷光源，发热量低，其寿命长达 1 万小时以上，相较荧光灯更适合。在尺寸测量应用中，为清晰取得被检对象边缘图像，一般采用红色 LED，图 5.14 分别给出了采用白色 LED 和红色 LED 采集的两幅图像。很明显能看出，由于线阵相机曝光时间短，白色 LED 的照明效果更好。

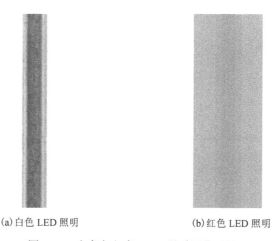

(a) 白色 LED 照明　　　　　　　　　　　　(b) 红色 LED 照明

图 5.14　白色与红色 LED 所采图像对比

### 3. 其他硬件的选择

线阵 CCD 相机需要依靠编码器发出的脉冲信号触发而运行，因此选用 ELCO 公司的 EB58A8-H4TR-1000 编码器。对于红外传感器接收到的信号需要传递给数据采集卡，而且当检测到缺陷时需要将喷码控制信号发送给喷码器，因此选用双诺测控的 AC6652 的工控卡。导爆管运动的启停由变频器控制，选用艾默生的 EV2000 系列变频器。缺陷检测完毕后，喷码器对缺陷处进行喷码，选用 LEADJET 的喷码器。最后，对于运行检测软件的计算机，选择的是配置了四核 CPU 的研华工控机。

导爆管自动视觉检测系统的设备外观如图 5.15 所示。系统的所有硬件均放置在 (a) 的上下两个区域内，设备的上半部分是导爆管在线检测平台（如图 5.16 所示），设备的下半部分是导爆管的控制系统（如图 5.17 所示）。

由图 5.16 可以看到，导爆管自动视觉检测系统的检测平台被划分为三个区域，Ⅰ 区为由光纤传感器组成的辅助检测区，Ⅱ 区为以线扫描相机为核心的主检测区，Ⅲ 区布置喷码装置。而检测设备的下部分为导爆管的电控系统，主要由工控机、控制板（如图 5.17(a) 所示）、喷码机（如图 5.17(b) 所示）组成。

(a)正面      (b)背面

图 5.15 导爆管自动视觉检测系统的设备外观

图 5.16 导爆管视觉检测平台

(a)工控机      (b)喷码机

图 5.17 导爆管视觉检测设备的电控系统

## 5.3.2　系统软件设计

导爆管视觉检测系统的软件采用视觉检测重构平台以及 SQL Server 2000 数据库开发，系统根据模块化设计的思路，将程序分为三个基本模块：图像获取模块、图像处理模块和数据记录模块。各个模块之间的调用和数据传递采用软件总线实现。

图像获取模块利用动态链接库技术封装了相机的驱动函数，实现了从图像获取父类 CCameraAcq 继承而来的接口函数 InitCam()、SnapImage()、FreezeImage()、SetProcCallBack() 和 CloseCam()，依靠相机的参数配置文件，调用相应的接口驱动函数实现可重构的图像获取。

图像处理模块选择均值滤波器对图像进行滤波，基于阈值分割的原理对图像的边缘进行分割，根据检测的需求设计了药量检测算法、黑点检测算法和管径测量算法。分别对应于视觉检测算子库中的 MeanFilter()、ThreshSeg() 和 DetoneDet() 三个函数，以完成滤波、分割和检测功能。

数据库记录模块采用 SQL Server 2000 对系统的各种参数进行记录，SQL Server 提供数据定义语言对数据库进行创建、修改和删除操作，操作的对象包括表、视图和索引。本系统构建了导爆管的信息数据库 Tube，在导爆管数据库中建立了 tbProInfo、thDefInfo 和 tbUser 三张表。thProInfo 中主要包括产品编号、班次、起止时间和卷数等字段，thDefInfo 包含产品编号、缺陷发生的时间及各种缺陷的统计，tbUser 包含用户名、密码以及权限。thProInfo 和 thDefInfo 通过相同字段"产品编号"建立约束和联接。导爆管的数据库结构如图 5.18 所示。

(a) tbProInfo　　　　　　　(b) tbDefInfo　　　　　　　(c) tbUser

图 5.18　导爆管视觉检测系统的数据库结构

图 5.19 给出了导爆管视觉检测系统的软件处理流程，当图像处理结束以后，需进行信息融合。融合的源信息来自两个方面：CCD 视觉检测的数据和红外传感器检测的结果。根据 CCD 检测为主、红外检测为辅的检测方案，设计了函数 InfoFusion() 实现导爆管缺陷检测结果的融合算法。检测结果融合以后，在主线程上完成界面更新，使用 ExcelSave 类生成产品相关数据表格保存到根目录下。同时，创建两个线程 pTaskThreadSpray 和 pTaskThreadDB。线程 pTaskThreadSpray 调用 IO 控制卡的发送函数，将缺陷信息指令发送给喷码器。pTaskThreadDB 采用 ADO(ActiveX Data Objects) 封装类将缺陷结果传递并保存在数据库 Tube 的三张表中。

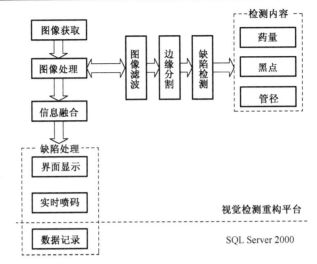

图 5.19　导爆管视觉检测系统的软件流程

ADO 数据库编程的主要流程如图 5.20 所示。ADO 的封装类提供了更简单的编程接口，对数据的查询和更新更为方便，所采用的 ADO 封装类包括 2 个：类 CADODatabase 与类 CADORecordset。其中，类 CADODatabase 负责处理导爆管数据库 Tube 的连接功能，类 CADORecordset 用于执行记录集的打开、查询、遍历、修改和关闭等操作。

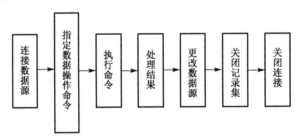

图 5.20　ADO 数据库编程的流程

该导爆管视觉检测系统软件运行环境为：

（1）Windows XP；

（2）Visual C++；

（3）SQL Server 2000；

（4）CamExpert；

（5）相机驱动；

（6）Microsoft Office。

导爆管视觉检测系统的用户界面如图 5.21 所示。

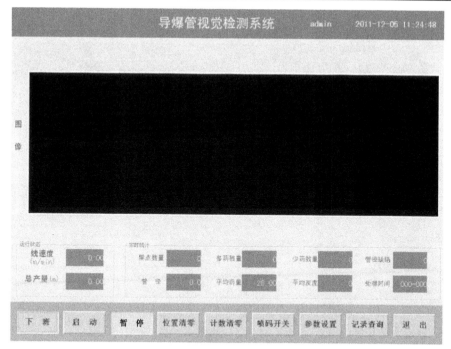

(a)导爆管检测界面

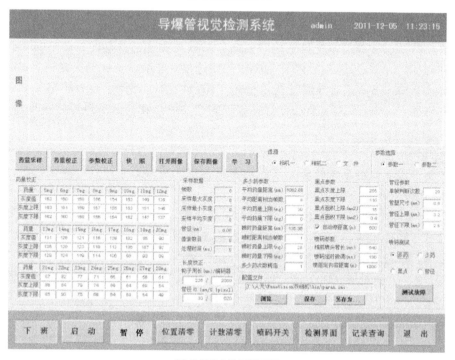

(b)导爆管参数设置界面

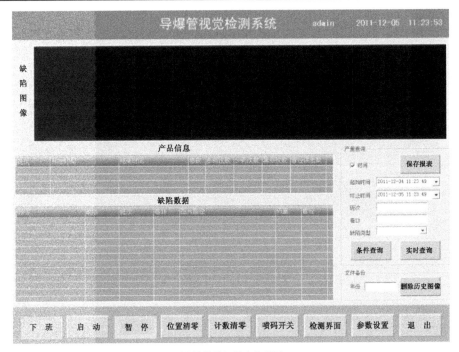

(c)导爆管记录查询界面

图 5.21 导爆管自动视觉检测系统的界面设计

该导爆管视觉检测系统包括检测界面、参数设置、记录查询三个画面,其中,检测界面(图 5.21(a))包括导爆管生产线的线速度、参量以及缺陷实时信息,参数设置画面(图 5.21(b))是对导爆管药量检测、黑点检测以及管径检测的相关参数进行配置,记录查询画面(图 5.21(c))对导爆管的产品信息和缺陷信息进行查询。

### 5.3.3 系统运行与测试

导爆管自动检测系统构建完毕后,根据客户的需求对系统进行测试,测试过程及结果如下:

(1)可重构的图像获取实验。采用不同的相机,如 DALSA、BASLER 等同时对导爆管进行图像采集,测试界面及结果如图 5.22 所示。

(2)药量测试。采用标量法控制加入导爆管的药量,将导爆管的测试药量分为 A、B、C 三种,分别对应 14.00mg、15.00mg 以及 16.00mg。采用导爆管自动检测系统对生产中的 A、B、C 三种导爆管进行长距离的药量检测。等导爆管生产完毕后,使用分析法吹出导爆管内的火药,进行称重,如表 5.1 所示。

利用最小二乘法拟合的公式对灰度值进行计算得出导爆管的瞬时药量,表 5.2 为对三种标准药量的导爆管分别进行 5 次采样的结果。

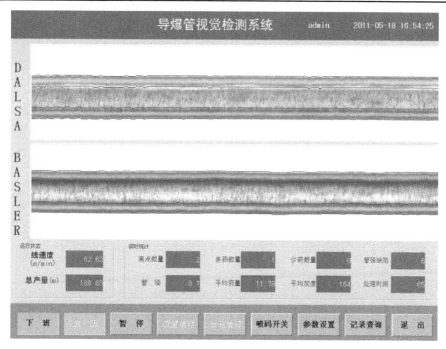

图 5.22　可重构的图像获取测试

**表 5.1　三种导爆管药量检测方法的结果比较**

| 药量检测方法 | 药量 A/mg | 药量 B/mg | 药量 C/mg |
|---|---|---|---|
| 标量法(实际平均药量) | 14.00 | 15.00 | 16.00 |
| CCD 法 | 13.90 | 15.00 | 15.95 |
| 分析法 | 13.70 | 14.95 | 15.82 |

**表 5.2　CCD 检测方法瞬时药量测量结果**

| 序号 | 14mg 导爆管 瞬时灰度/药量 | 15mg 导爆管 瞬时灰度/药量 | 16mg 导爆管 瞬时灰度/药量 |
|---|---|---|---|
| 1 | 129/13.78 | 121/15.71 | 115/16.17 |
| 2 | 130/13.61 | 122/15.00 | 115/16.17 |
| 3 | 130/13.61 | 122/15.00 | 116/16.00 |
| 4 | 128/13.96 | 121/15.71 | 116/16.00 |
| 5 | 128/13.96 | 121/15.71 | 118/15.67 |

（3）黑点检测实验。取 X、Y 两种不同的导爆管，长度均为 50m，在 X 管上标记黑点 35 个，在 Y 管上标记黑点 32 个。启动导爆管自动检测系统对 X、Y 进行 5 次重复性检测实验，每次的检测结果如表 5.3 所示。对两根缺陷导爆管进行人工复检，检查结果如表 5.4 所示。

表5.3 视觉检测系统疵点检测数据

| 视觉检测次数 | 导爆管（缺陷数量） | |
| --- | --- | --- |
| | X(35) | Y(32) |
| 1 | 35 | 32 |
| 2 | 34 | 31 |
| 3 | 33 | 31 |
| 4 | 34 | 29 |
| 5 | 32 | 32 |

表5.4 人工复检结果

| 人工检测次数 | 导爆管（缺陷数量） | |
| --- | --- | --- |
| | X(35) | Y(32) |
| 1 | 28 | 25 |
| 2 | 30 | 28 |
| 3 | 35 | 32 |

(4)外径检测实验。本检测系统每隔 20mm 左右就对管径进行一次检测，随机选取标称直径为 3mm 的一段导爆管进行管径检测实验，检测结果如表5.5所示。导爆管检测标准规定：截取 2m 的导爆管，使用分度值不大于 0.02mm 的千分尺测量任一截面的外径。本测试实验中，采用分度值为 0.02mm 的千分尺，随机选取该导爆管的 5 个截面进行测量，测量的结果如表5.6所示。

表5.5 CCD视觉测量外径结果

| 序号 | 外径 | 序号 | 外径 | 序号 | 外径 | 序号 | 外径 |
| --- | --- | --- | --- | --- | --- | --- | --- |
| 1 | 3.1 | 6 | 3.1 | 11 | 3.0 | 16 | 2.9 |
| 2 | 3.1 | 7 | 3.0 | 12 | 3.0 | 17 | 2.9 |
| 3 | 3.1 | 8 | 3.0 | 13 | 3.0 | 18 | 3.0 |
| 4 | 3.1 | 9 | 3.0 | 14 | 3.0 | 19 | 3.0 |
| 5 | 3.1 | 10 | 3.0 | 15 | 3.0 | 20 | 3.0 |

表5.6 游标卡尺测量外径结果

| 序 号 | 外 径 |
| --- | --- |
| 1 | 2.92 |
| 2 | 2.98 |
| 3 | 2.96 |
| 4 | 3.04 |
| 5 | 3.00 |

导爆管视觉检测系统的测试结束以后，对实验结果的分析如下：

(1)图像获取的分析。图 5.22 中，第一个图像使用 DALSA 相机获取，第二个图像使用 BASLER 相机获取，系统的图像获取模块运行正常。该实验结果表明：依靠参数配置，系统对不同的相机加载了不同的驱动程序，实现了可重构的图像获取。

（2）灰度分析。表 5.1 中，标量法能测出相当长的一段导爆管的平均药量，无法测量瞬时药量，其测量值可以作为导爆管药量的参考值，CCD 测量法和分析法都将标量法的结果作为参考值来对比。CCD 测量和分析法的误差平方和如表 5.7 所示。

表 5.7　CCD 测量法和分析法的误差比较

| 误　差 | CCD 测量法 | 分析法 |
|---|---|---|
| 均值 | 0.1600 | 0.1767 |
| 平方和 | 0.0413 | 0.1249 |

表 5.7 中，CCD 测量法的误差均值小于分析法，说明 CCD 法测量的准确性要高于分析法，CCD 法的误差平方和也小于分析法，说明 CCD 测量的误差离散程度要小于分析法。在表 5.2 中，CCD 测量法对瞬时灰度和药量进行了测量，三种不同规格导爆管的测量误差如表 5.8 所示。

表 5.8　CCD 测量瞬时药量的误差

| 误　差 | 14mg | 15mg | 16mg |
|---|---|---|---|
| 最大值 | 0.39 | 0.29 | 0.33 |
| 最小值 | 0.04 | 0.00 | 0.00 |
| 均值 | 0.216 | 0.174 | 0.134 |
| 平方和 | 0.3558 | 0.2523 | 0.1667 |

表 5.8 中，三种导爆管的误差最大值和均值都小于 0.5，保证相邻药量导爆管的区分度，检测精度均为 0.01mg。因此，基于最小二乘法的药量检测算法具有较高的精确性和可靠性。

（3）黑点实验结果分析。表 5.3 中，可以计算出 X、Y 两组导爆管的疵点自动识别率分别为：$R_{VX}=96\%$，$R_{VY}=98\%$；导爆管自动检测系统的平均识别率为 $R_V=97\%$。表 5.4 中，X、Y 两组导爆管的人工复检识别率为：$R_{mX}=88.6\%$ 和 $R_{mY}=88.5\%$；复检的平均识别率为 $R_m=88.55\%$。虽然经过训练以后，人眼对同一导爆管的复查率能提高到接近 100%，但是人工在线识别的要求远远高于人工复查的要求。因此，人眼复查的识别率远不及导爆管自动检测系统的识别率，而基于区域生长的黑点识别算法保证了很高的识别率和实时性。

（4）管径测试结果分析。表 5.5 中，使用 CCD 测量 3mm 导爆管的外径，误差期望为 1.33%，精度为 0.1mm。表 5.6 中，采用千分尺人工测量其外径，误差期望为 1.2%。CCD 检测和千分尺测量的外径误差期望相差不大，CCD 测量外径的精度选取为 0.1mm，千分尺的精度为 0.02mm，虽然导爆管自动检测系统的管径检测精度小于千分尺，但是系统的需求精度为±0.1mm，因此基于 CCD 的亚像素测量外径方案满足系统的需求。

传统的导爆管外观质量检测采用的是人工方式和红外方式，所提出的基于 CCD 和红外的导爆管自动检测系统，与国内红外检测设备的主要参数对比如表 5.9 所示。

表 5.9　本检测方法与红外检测方法的技术对比

| 主要技术指标 | 自动视觉检测方法 | 红外检测方法 |
|---|---|---|
| 传感器元件 | CCD 和红外 | 红外 |
| 检测内容 | 药量检测、黑点识别、管径测量 | 超药、正常、少药 |
| 检测速度 | 80～120m/min | 10～40m/min |
| 检测精度 | 药量：0.01mg；黑点：97%；管径：0.1mm | — |
| 缺陷处理 | 实时喷码、数据库记录 | 报警 |

从表 5.9 中可以发现，基于 CCD 和红外的导爆管自动检测系统各方面的技术指标均远高于基于红外的导爆管检测方法。本系统药量缺陷的检测精度达到 0.01mg，黑点缺陷的识别率为 97%，外径测量的精度为 0.1mm，满足客户需求，且系统运行状态良好，其稳定性、可靠性和精确度远优于传统的人工检测方式和红外检测方式。

## 5.4　基于重构平台的电子接插件视觉测量系统实现

随着数字电子技术的飞速发展，电子接插件广泛地应用在电子产品、电力设备中，提供方便的电气插拔式连接，使得电子产品的生产、维修效率得以极大提高。由于大量采用插拔式连接，其连接的可靠性、接触点电阻的大小对于电子产品的质量来说就越来越重要，因此，电子接插件的质量将直接影响电子设备的使用品质。当前电子产品面临着全球范围的竞争，提高产品质量和降低生产成本成为企业生存的关键，质量控制和生产效率越来越受到现代企业的普遍关注。

目前，电子接插件的生产企业采用的各类设备已基本实现自动化、智能化，但检测精度仍然不高，在现代化流水线后面常常可看到很多的检测工人来执行这道工序，给企业增加巨大的人工成本和管理成本。而且即使在最好的情况下，仍然无法保证 100%的检验合格率（即"零缺陷"）。对电子接插件质量的检测是重复性劳动，人工检测效率低、对人眼伤害较大、易产生疲劳、且极容易误检。通常，人的肉眼只能检测到现有缺陷的 60%，而电子接插件质量控制是电子接插件生产厂家所面临的最重要也是最基本的问题，这对于降低成本及提高产品的最终质量，进而在国际市场竞争中取得优势是非常重要的。电子接插件主要的检测项目有平整度、共面度等。图 5.23 给出了部分电子接插件的缺陷图像。

(a) 共面度缺陷图像

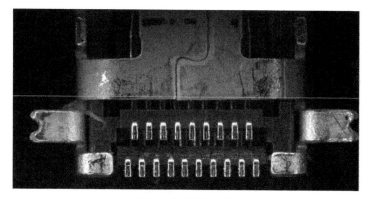

(b) 针脚间距缺陷图像

图 5.23　部分电子接插件的缺陷图像

　　计算机图像处理与识别技术的迅猛发展，为电子接插件这类很难用一般传感器检测的产品提供了一种新的方法，使得基于机器视觉的在线缺陷检测成为可能，并越来越受到人们的重视，并渐渐成为产品质量检测的一种趋势。本系统建立了一套完备的电子接插件在线检测与测量系统，代替传统人工检测，实现电子接插件外观疵点的自动检测与测量，提高检测效率和测量精度。

## 5.4.1　系统硬件设计

　　电子接插件双目视觉检测与测量系统是一套基于机器视觉的无损检测设备。主要由光源、相机、镜头、图像采集卡、PLC 控制器、电磁阀、工控机、驱动器、细分工作台、剔除机构和图像处理软件等部分组成。其工作原理与组成结构如图 5.24所示，PLC 通过驱动器控制细分工作台双向运动，触发位置传感器并将信号传输至两台面阵 CCD 相机，通过相机分别采集置于细分工作台上的电子接插件图像，实现对电子接插件图像的分段采集；经图像采集卡处理后传送至工控机，应用电子接插件双目视觉检测与测量系统软件，依次对图像进行检测与测量处理；并将处理结果传输给 PLC 控制器，通过电磁阀控制剔除机构剔除不合格电子接插件，实现故障报警以及尺寸标定等功能。

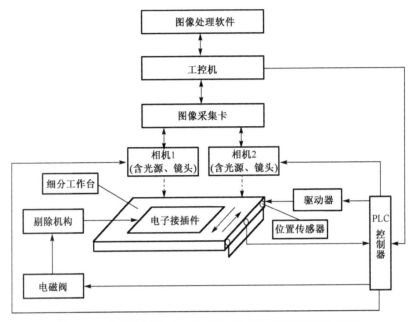

图 5.24　电子接插件双目视觉检测与测量系统原理结构图

### 1. 硬件总体结构设计

电子接插件双目视觉检测与测量系统硬件总体结构如图 5.25 所示，其中 1 为细分工作台，2 为剔除装置，3 为光源，4 为相机，5 为人机界面，6 为 PLC 控制器机箱，7 为电源开关，8 为急停键，9 为蜂鸣器，10 为伺服电机，11 为一体计算机。

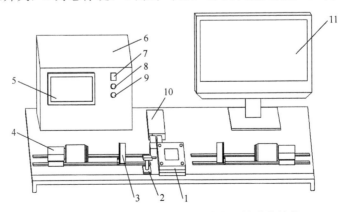

图 5.25　双目视觉检测与测量系统硬件总体结构

## 2. 相机选型

由于电子接插件尺寸较小而测量精度要求较高，故双目视觉检测与测量系统对图像采集的要求较高，选用一款合适的图像采集器件十分重要。常见的图像采集元件有：线阵 CCD 相机、面阵 CCD 相机、CMOS 器件等。

工业相机按照传感器结构分为面阵 CCD 相机与线阵 CCD 相机。面阵 CCD 的优点是可以获取二维的图像信息，测量图像直观，但是缺点是像元总数多，而每行的像元数较线阵的少，帧率受到限制；而线阵 CCD 的优点是一维像元数可以做得很多，而总像元数较面阵 CCD 相机少，而且像元尺寸很灵活，帧率高，特别适用于单向运动目标的动态测量。但要用线阵 CCD 获取二维图像，必须配以扫描运动，而且为了能确定图像每一像素点在被测件上的对应位置，还必须配以光栅等器件以记录线阵 CCD 每一扫描行的坐标。由于扫描运动及相应的位置反馈环节的存在，增加了系统复杂性和成本，图像精度可能受扫描运动精度的影响而降低，最终影响测量精度。

对于微型电子接插件表面平整度和平面度检测，考虑其测量目标，要求测量分辨率高，以及从成本考虑，选用德国 Allied Vision Technologies（AVT）公司生产的面阵 CCD 相机 Pike F-505B/C 进行图像采集。该相机是德国 AVT 公司生产的一款工业数字摄像机，采用 Sony Super HAD CCD 传感器，可以获得高品质的图像。在全分辨率下，Pike F-505B/C 工业数字摄像机的帧率可达 15 帧/秒。可通过减小感兴趣区域（AOI），采用 binning 模式或子采样方式获得更高的采集帧率。该相机参数如表 5.10 所示。另外，镜头选择 C-MOUNT 标准镜头，焦距为 50mm。

**表 5.10　相机的主要性能参数**

| 名　　称 | Pike F-505B/C |
| --- | --- |
| 数据接口 | IEEE1394b-800Mb/s，2ports，Daisychain |
| 分辨率 | 2451×2054 |
| 传感器型号 | SonyICx625 |
| 传感器类型 | CCD 逐行扫描 |
| 传感器尺寸 | Type2/3 |
| 像元尺寸 | 3.45 μm |
| 镜头接口 | C |
| 全分辨率下最大帧率 | 15f/s |
| A/D | 14bit |
| 板载 FIFO | 64MB |
| 供电(DC) | 8～36V |
| 功率(12V) | 4W |
| 重量 | 250g |
| 机身尺寸(L * W * H) | 96.8mm×44mm×44mm，不包含镜头 |

### 3. 分段采集 PLC 控制流程

本系统采用 PLC 控制器驱动细分工作台运动，由工控机反馈信号给 PLC 控制剔除机构的启停，实现细分工作台的双向运动。涉及的控制部分包括 PLC 控制器、位置传感器、电磁阀、驱动器、细分工作台、剔除机构等。单向分段采集 PLC 控制主要流程如图 5.26 所示：PLC 通过驱动器控制细分工作台运动，直到移动至工件位置 1 处触发位置传感器 1，PLC 接收位置传感器信号后触发相机采集电子接插件第一段图像；接着，细分工作台会继续运动至工件位置 2 处，并触发位置传感器 2，PLC 接收位置传感器信号后触发相机采集电子接插件第二段图像；最后，细分工作台会继续运动至工件位置 3 处，并触发位置传感器 3，PLC 接收位置传感器信号后触发相机采集电子接插件第三段图像。将同一个电子接插件的三段图像经过视觉检测软件自动识别，如果发现缺陷存在，则 PLC 通过电磁阀控制剔除机构自动剔除不合格产品；若没有发现缺陷存在，则表示产品合格，不作处理，控制台反向做相同的控制流程。另一方向的 PLC 分段控制流程亦是如此。

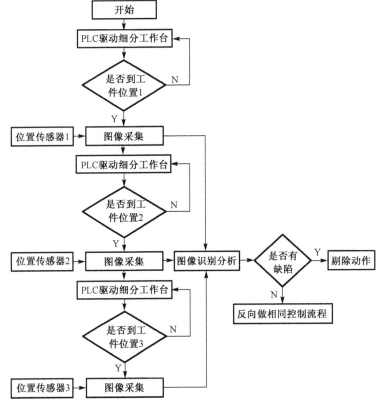

图 5.26　单向分段采集 PLC 控制流程图

## 5.4.2　系统软件设计

软件系统是本系统的重要组成部分，其主要功能是与硬件配合，获取相机采集卡采集的图像，对图像进行图像预处理、设置 ROI、全局阈值图像分割、开运算、数据遍历分析、缺陷判断等处理，然后将处理结果保存至数据库，针对有缺陷的图像通过与硬件间的通信，控制 PLC 完成细分工作台准确运动、剔除不合格产品等功能，实现电子接插件的在线实时检测与测量。本图像处理软件系统是由视觉检测重构平台开发，完成对不同种类的电子接插件 ROI 区域的提取和识别。

### 1.　软件系统处理流程

本软件系统主要由图像获取、图像预处理、ROI 设置、全局阈值图像分割、开运算、数据遍历分析、数据综合分析、缺陷判别、缺陷剔除等模块组成。其流程如下：图像获取模块获取图像采集卡上采集的分段图像，将分段图像传送给图像预处理模块，对分段图像进行均值滤波、去噪等增强处理；然后将预处理后的分段图像传送给 ROI 设置模块，对分段图像设置 ROI 区域；再由全局阈值分割和开运算模块对分段图像目标区域进行特征提取；最后将目标区域传送给数据遍历分析模块，进行分段图像特征提取与分析，将分析结果暂时放置在分段测量数据缓冲区；最后，综合各个分段结果判别有缺陷的图像并按照用户要求完成细分工作台准确运动、将缺陷信息保存至数据库、剔除不合格产品等功能。分段采集图像处理流程图如图 5.27 所示。

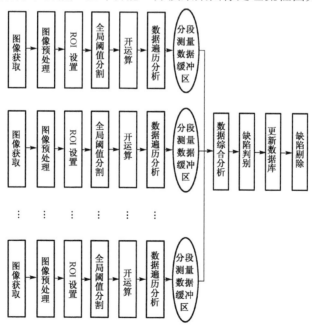

图 5.27　分段采集图像处理流程图

## 2. 图像预处理

根据本系统需求，需消除因光照不均匀等原因产生的噪声，所以需要对图像进行增强处理。本检测与测量系统中遇到的大多是高斯噪声及少量的椒盐噪声，结合实时性与高效性，提出了一种基于均值滤波的自适应滤波器。均值滤波是一种线性滤波器，其采用的主要方法为加权平均法，对高斯噪声具有良好的滤波效果，而且通过实验表明，其处理速度较其他滤波器要快得多，故本系统选择均值滤波来消除图像中的噪声。

## 3. ROI 设置

在图像处理领域，感兴趣区域(ROI)是从图像中选择的一个图像区域，这个区域为图像分析所关注的重点，圈定该区域以便进行进一步处理。使用 ROI 圈定感兴趣的目标，可以减少处理时间，增加图像识别精度。

根据用户需求，需要在同一个应用平台上检测和测量多种类的电子接插件，本系统添加了设置 ROI 功能，其类似于 Auto CAD 功能，能够按照用户指定的检测区域(或者多个区域)实现 ROI 的自动检测与测量。ROI 设置效果如图 5.28 所示(矩形部分)。

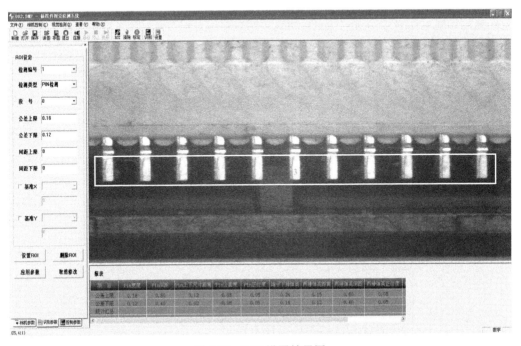

图 5.28　ROI 设置效果图

4. 缺陷判别

缺陷判别模块是软件系统的核心部分，这个模块的执行效率与准确率将直接决定整个系统性能的优良。为了实现不同型号电子接插件的实时检测，并兼顾实效性与准确率，提出了基于 ROI 区域的电子接插件双目视觉检测与测量系统，对每个不同的 ROI 可以分别选取不同的图像处理流程进行检测和测量。

通常缺陷判别模块主要包括 ROI 设定、全面阈值图像分割、开运算、数据遍历分析、缺陷判别等功能。缺陷判别模块接收到目标区域后，即开始针对图像 ROI，进行针对该 ROI 设置的图像处理与分析，ROI 单元的划分与识别准确率有着直接关系。

5. 数据库系统管理

识别出缺陷后，需将缺陷信息及其图像保存至数据库，以便检测后根据缺陷判别结果控制 PLC 完成细分工作台准确运动、剔除不合格产品等，故需为软件系统配置相应的数据库，以便管理缺陷信息数据。

数据库系统具有数据共享性高、冗余度低、易扩充、数据独立性高等优点，可分为大型数据库、中型数据库、小型数据库管理系统，主要有 Oracle、SQL Server、Access 等。本系统所需要存储的数据量较少，而 Access 作为一种桌面数据库，在处理少量数据和单机访问的数据库时效率高、界面友好、易操作，故选择 Access 作为数据库管理系统。

## 5.4.3　系统运行与测试

在本系统中涉及步进电机的调速控制、PLC 控制器的通信控制、CCD 的触发方式控制、界面的实时显示、海量图像的实时处理、数据库的记录、剔除机构的执行等诸多任务。因此，将各个分离的设备、功能和信息等集成到相互关联、统一和协调的系统中，使资源得到充分共享，实现系统的高效运行。

该系统运行界面及检测效果如图 5.29 所示，本系统主要由文件、相机控制、视觉检测、相机参数、识别参数、控制参数和图像显示几个部分组成。

其中，文件菜单可以实现电子接插件相关参数的设置，包括新建参数、保存参数、打开参数、参数另存为、打开图像、保存图像和退出系统等功能；相机控制菜单主要实现相机功能的控制和设置，包括连接相机、开始采集、停止采集、使用快照可以拍下电子接插件的运行图，再通过学习调整电子接插件的基本参数，使其能够适应不同类型电子接插件的检测；视觉检测部分则主要是实现设定 ROI 及标定功能，包括设定 ROI、消除 ROI、开始标定、尺寸标定、离线识别等；相机参数主要是设定 ROI 参数及相机标定；识别参数主要是设定和取消 ROI 参数、检测类型和分段号；控制参数菜单主要用于将图像识别结果传递给 PLC，并通过

PLC 控制器做出相应的执行功能；图像显示部分则主要实现电子接插件运行时图像的实时显示。

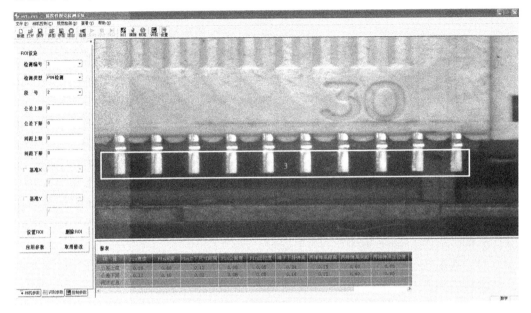

(a) 检测系统界面

| 项　　目 | Pin高度 | Pin间距 | Pin上下尺寸距离 | Pin公面度 | Pin正位度 | 端子下排弹高 | 两排弹高间距 | 两排弹高间距 | 两排弹高正位度 |
|---|---|---|---|---|---|---|---|---|---|
| 公差上限 | 0.18 | 0.60 | 0.12 | 0.08 | 0.05 | 0.24 | 0.18 | 0.60 | 0.05 |
| 公差下限 | 0.12 | 0.40 | 0.02 | 0.08 | 0.05 | 0.14 | 0.12 | 0.40 | 0.05 |
| 统计汇总 | 0 | 0 | 0 | 0 | 0 | 0 | 0 | 0 | 0 |

(b) 测量结果显示

图 5.29　电子接插件视觉检测与测量系统效果图

由图 5.29 的检测效果可以看出：该检测系统自动根据已设定的 ROI 区域将电子接插件的针脚都标定出来，而电子接插件针脚的边界被蓝线自动标记出来，显示和确定电子接插件的针脚间的间距，并且自动测量针脚间距并显示在下方的数据列表中。

实验表明，所开发的电子接插件视觉检测与测量系统可识别缺陷包括：Micro USB 连接器、HDMI 端子、摄像头座（Camera Socket）、IC 座（IC Socket）等（可根据用户需求定制），可检测项目包括平整度、共面度等。通过将在线检测系统的结果与原始图像中的疵点信息相比较，对于最高检测速度不超过 10 个/min，总的缺陷漏检率不大于 2%，测量精度可达到 0.007mm。

整个视觉检测与测量软件系统的使用流程如图 5.30 所示。系统开启后，用户选择产品类型，根据不同类型选择不同的配置文件，配置文件选好之后，根据采集的样品图像进行机器学习，调整配置参数，参数设置完毕后，两台相机即可开始分段采集图像。采集的图像经实时在线检测与测量，若发现缺陷，则更新数据库，并控制剔除结构自动剔除不合格产品；若产品不存在缺陷，则细分工作台正常移动，PLC触发相机分段采集下一幅图像并进行实时在线检测与测量。如果已检测完毕，则停止检测，结束系统。

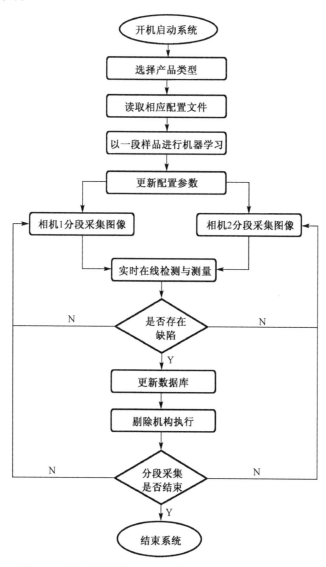

图 5.30　电子接插件双目视觉检测与测量系统使用流程

# 5.5　基于重构平台的大米品质视觉检测系统实现

我国是世界上最大的大米生产国和消费国，却无法跻身于大米出口大国之列，究其原因主要有两个方面：一方面我国大米标准粗放，更新速度慢，导致大米质量没有高品质的标准可循，缺乏市场竞争力；另一方面现有大米品质检测技术落后，无法实现自动化，导致出口的大米等级混杂，良莠不齐，缺乏国际市场竞争力。目前，我国的谷物质量检测分级主要依靠传统的筛选法等机械方法，大概可分为以下几种。

(1) 人工分级：该分级方式带有主观随意性，而且效率低下，分级误判率高，实际应用很少见。

(2) 机械分级：利用大米的不同物理特征由机械装置进行分选，如按大小尺寸进行筛选，按大米密度进行气流分选、重力分选以及水选，按硬度进行振动分选等。目前常用的有分级平转筛和滚筒精选机，主要是按大米的粒长、粒宽、粒厚进行分级，但是大米会与机械式检测分级设备接触而导致机械损伤，而且所分等级粗略。

(3) 光电色选：大米色选机利用光电原理以及大米的色泽差异为依据，从大量散装产品中将颜色不正常的或受病虫害的米粒以及外来夹杂物检出并剔除，获得"清一色"大米，提高大米品质。但是大米色选机仅能实现颜色分选，无法按大米的形状、品种分选。

(4) 机器视觉检测：视觉视觉是一种新兴的无损检测技术，和人工检测技术相比，机器视觉检测技术具有速度快、精度高、非接触式、重复性好等优点，可以同时实现多参数同时检测以及多个等级的分选。因此，利用机器视觉进行大米品质检测分选将是农产品自动化分级发展的必然趋势。

## 5.5.1　系统硬件设计

大米品质视觉检测系统和前面所介绍的视觉检测系统类似，主要包括相机、光源、镜头、采集卡、工控机、进料机构、传送机构与剔除机构等组成。为了分离电气控制与图像信号处理防止强电对弱电信号的干扰，系统硬件分为图像分析单元与设备控制单元两大部分。其中，图像分析单元由工控机完成，主要实现图像采集、大米品质检测以及人机交互；设备控制单元主要由 PLC 控制器实现，负责整个检测线的进料、传输、剔除等机构的控制以及对图像分析单元所发出控制指令的响应。其硬件系统结构的原理如图 5.31 所示。

由于大米的垩白度等品质与颜色相关，该大米品质视觉检测系统选用彩色相机。光源选取环形 LED 白色光源，并采用前向反射成像方式。由于整个检测系统需要配合振动器进料、采用隔断板的剔除出料等间歇进给方式，线阵相机不太适合，因此选用面阵相机,并采用工控机与 PLC 的通信实现传输机构与图像采集的同步。由于农产品附加值较低,选择北京微视的 MVC3000F 彩色 CMOS 相机,采用 USB 接口传输图像给工控机。

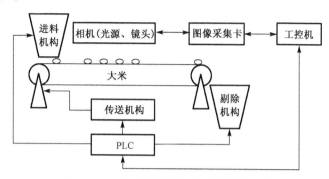

图 5.31　大米品质视觉检测系统硬件结构

### 5.5.2　系统软件设计

大米品质视觉检测算法流程如图 5.32 所示,由中值滤波预处理后,直接用自适应阈值分割对图像进行分割,得到米粒的 ROI 区域。由于米粒直接随机散落,难免有些米粒挨在一起而导致分割时有些重合点,故采用形态学开运算分割这些重合点,使得每一个米粒单独成为一个区域。成功分割出米粒之后,接下来是最关键的米粒特征提取与分类识别。大米颗粒形状是实现大米品质检测与分级的最基本特征,因此,首先采用最小外接矩形求出每个米粒区域的外形特征,并依次提取各米粒各种特征,如面积、偏心距、长宽比、最小外接矩形、圆度等。通过实验分析找出最优特征集,并选择对应的特征分类算法。

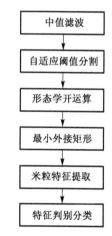

图 5.32　大米品质视觉检测算法流程

外形特征是实现大米品质检测与分级的最基本参数[145]。依据 GB1354-1986,评价大米品质的指标主要包括加工精度、不完善粒、杂质、碎米等,这些指标均与米粒形状直接或间接相关。

通过图像处理算法分割出米粒区域后,随后的问题就是对图像中的米粒形状进行特征描述,以便按米粒特征分类并评价其品质。通常描述米粒形状的特征有面积、偏心矩、延伸率、质心、长宽比、球度、圆度、周长、外接矩形等。然而,过于精细的特征不仅计算复杂,而且可能因为所包含的细节太多而使得识别与分类困难。

因此，选择相对简单且信息量大的区域周长、区域面积、面积周长比、最小外接矩形等特征组成特征集。

1）区域周长

区域周长指大米分割区域的轮廓长度，可用于区别碎米、与米粒大小差异很大的杂质等。通常区域轮廓长度可用邻域来计算，在区域轮廓中取一点并在 8 邻域上搜寻边缘上的相邻点，如果当前点与下一点的 $x$ 或 $y$ 相同，则周长加 1，否则加 1.414，直到边缘搜索完毕，最后累加结果即为区域周长。

2）区域面积

区域面积是区域的一个基本特征，它描述区域的大小。对于大米而言，求其区域面积的方法可分为以下三步：

（1）对图像进行标记，划分为不同的连通区域。

（2）在不同区域的左上点和右下点内，循环取得各点像素值，像素值就是标号。

（3）根据不同的标号，加到对应的数组中以统计像素的个数，该数组即对应不同标号区域的面积。

3）面积周长比

在相同面积情况下，大米图像的边界越光滑，形状越接近椭圆形，则周长越短；反之则周长越长。依据这个原理，可以用面积周长比来表征大米的圆度。

4）最小外接矩形

对于含有沙砾的大米采用区域周长、面积、圆度等特征效果都不是很明显，可选择其矩形度特征。最小外接矩形特征是利用大米的宽度、长度生成的最小外接矩形来判断大米的大小。

一颗完整米粒的形状可由区域跨度对区域长度及宽度来定义，区域的长度和宽度分别为区域中处于相互垂直方向上的两个跨度，并采用区域跨度来定义米粒的粒长与粒宽。米粒投影区域在其长方向上有部分的对称性，于是定义该区域中的最小跨度为米粒的粒宽，与此粒宽方向垂直的方向上的区域跨度为米粒的粒长，即米粒区域最小外接矩形的长与宽。而且，即使米粒在平面内转动任意角度，最小外接矩形检测方法所检测的米粒粒长与粒宽是不变的。由于米粒最小外接矩形特征的旋转不变性，可适用于多个米粒的检测。

### 5.5.3　系统运行与测试

通过对初始特征集的实验，最终选择区域面积、面积周长比以及最小外接矩形三个特征用于识别米粒的形状，并采用 3 层的神经网络进行分类。所开发的大米品质视觉检测系统软件界面如图 5.33 所示。

图 5.33 所示大米图像中各米粒的分割以及最小外接矩形特征提取如图 5.34 所示。每个米粒上标示的矩形为其最小外接矩形，从图中可以看出，每个最小外接矩

形方向都是随着各自米粒的方位而不同, 具有旋转特征不变性。借助区域面积很容易剔除碎米粒, 利用外接矩形的长宽比、面积周长比可区别米粒上的形状差异。

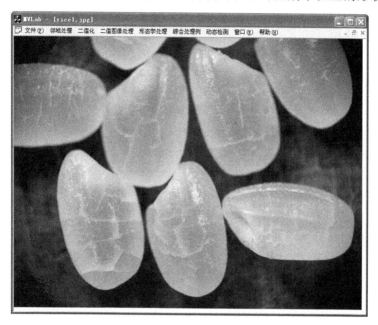

图 5.33　大米品质视觉检测系统软件界面

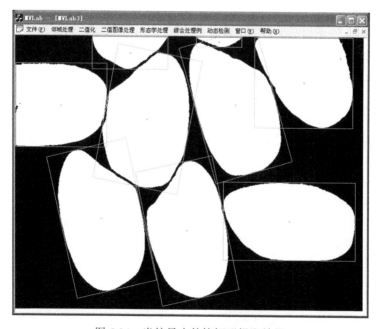

图 5.34　米粒最小外接矩形提取效果

# 参 考 文 献

[1]    Golnabi H, Asadpour A. Design and application of industrial machine vision systems[J]. Robotics and Computer-Integrated Manufacturing, 2007, 23（6）：630-637.

[2]    Roberts L G. Machine perception of three-dimensional solids[R]. Massachusetts Institute of Technology Lexington Lincoln Laboratory, 1963.

[3]    Marr D. Vision: A computational investigation into the human representation and processing of visual information[M]. WH San Francisco: Freeman and Company, 1982.

[4]    马颂德, 张正友. 计算机视觉——计算理论与算法基础[M]. 北京：科学出版社, 1996.

[5]    Shankar N G, Ravi N, Zhong Z W. A real-time print-defect detection system for web offset printing [J]. Measurement, 2009, 42(5): 645-652.

[6]    Malamas E N, Petrakis E G M, Zervakis M, et al. A survey on industrial vision systems,applications and tools[J]. Image and Vision Computing, 2003, 21（2）：171-188.

[7]    伍济钢. 薄片零件尺寸机器视觉检测系统关键技术研究[D]. 华中科技大学,2009.

[8]    段峰, 王耀南, 雷晓峰, 等. 机器视觉技术及其应用综述[J]. 自动化博览, 2002, （3）：59-62.

[9]    Ehsan L, Yaghoobi M, Pourreza H R. A new approach for automatic quality control of fried potatoes using machine learning[C]. 2008 7th IEEE International Conference on Cybernetic Intelligent Systems, CIS 2008. USA: IEEE Computer Society, 2008.

[10]   Khaled T, Zied C, Lotfi K. Machine vision based quality monitoring in olive oil conditioning[C]. 2008 lst International Workshops on Image Processing Theory, Tools and Applications, IPTA 2008. USA: IEEE Computer Society, 2008.

[11]   Paulo H, Roger D, Brazio C B A, et al. A machine vision quality control system for industrial acrylic fibre production[J]. Eurasip Journal on Applied Signal Processing, 2002（7）：728-735.

[12]   Cano T, Chapeele F, Lavest J M, et al. A new approach to identifying the elastic behaviour of a manufacturing machine[J]. International Journal of Machine Tools and Manufacture, 2008, 48（14）：1569-1577.

[13]   Joze D, Bostjan L, Franjo P. A machine vision system for measuring the eccentricity of bearings[J]. Computers in Industry, 2003, 50（1）：103-111.

[14]   Martin-Herrero J, Ferreiro-Arman M, Alba-Castro J L. A SOFM improves a real time quality assurance machine vision system[C]. Proceedings of the 17th International Conference on Pattern Recognition, 2004, 4.

[15]   Theodor B, Pascal G, Nick-Andrei I, et al. An implementing framework for holonic

manufacturing control with multiple robot-vision stations[J]. Engineering Applications of Artificial Intelligence, 2009, 22(4-5): 505-521.

[16] Francesco A, Filippo A, Attilio D N, et al. An online defects inspection system for satin glass based on machine vision[M]. 2009 IEEE Instrumentation and Measurement Technology Conference, USA: IEEE Computer Society, 2009.

[17] Karathanassi V, Lossifidis C, Rokos D. Application of machine vision techniques in the quality control of pharmaceutical solutions[J]. Computers in Industry, 1996, 32(2): 169-179.

[18] 阳春华, 周开军, 牟学民, 等. 基于计算机视觉的浮选泡沫颜色及尺寸测量方法[J]. 仪器仪表学报, 2009, 30(4): 717-721.

[19] 尹伯彪, 周肇飞. 基于波前修正的大尺寸测量图像恢复技术研究[J]. 四川大学学报(工程科学版), 2008, 40(4): 172-175.

[20] Peng X Q, Chen Y P, Yu W Y, et al. An online defects inspection method for float glass fabrication based on machine vision[J]. International Journal of Advanced Manufacturing Technology, 2008, 39(11-12): 1180-1189.

[21] 尚会超, 吴军. 织物表面疵点检测算法综述[J]. 中原工学院学报, 2008, 19(1): 16-18.

[22] Stong F G. EVS I-Tex2000 Cloth Inspecting System[J]. Text Word, 2001,151(4):56-58.

[23] Michael Bieri. Ustrer fabriscan cloth inspecting system[J]. Text Word, 2001,151(4):58-60.

[24] 张巍. Barco 新型高速织机检测系统[J]. 国际纺织导报, 2006, 5: 32.

[25] Sun G D, Zhao D X, Lin Q. Online defects inspection method for Velcro based on image processing[M]. 2010 2nd International Workshop on Intelligent Systems and Applications. USA: IEEE, 2010: 1118-1121.

[26] Darlgbal M. Automated vision based quality control for electro-optical module manufacturing[C]. Machine Vision Applications, Architecture, and Systems Integration VI. USA: SPIE, 1997, 3205.

[27] 李峰峰. 电子元器件的外观检测系统的研究与开发[D]. 广州: 华南理工大学, 2012.

[28] 李啸雨. 基于机器视觉的电子器件在线检测分选系统[J]. 中国制造业信息化, 2011, 40(7): 38-40.

[29] 金隼, 洪海涛. 机器视觉检测在电子接插件制造工业中的应用[J]. 仪表技术与传感器, 2000, (2): 13-16.

[30] 陈勇, 郑加强. 精确施药可变量喷雾控制系统的研究[J]. 农业工程学报, 2005, 5.

[31] 李晓斌, 郭玉明. 机器视觉高精度测量技术在农业工程中的应用[J]. 农机化研究, 2012, (5): 7-11.

[32] 付荣. 机器视觉技术在农业生产中的应用[J]. 农业技术与装备, 2011, (4): 6-7.

[33] Martin H, Joachim S, Daniel W, et al. Machine vision-The powerful tool for quality assurance of laser welding and brazing[M]. ICALEO 2003 – 22nd International Congress on Applications of Laser and Electro-Optics, Congress Proceedings. USA: Laser Institute of America, 2003.

[34]　Zhao Y L, Wang P, Hao H R, et al. The embedded control system of vision inspecting instrument for steel ball surface defect[M]. Chinese Control and Decision Conference, USA: IEEE Computer Society, 2008.

[35]　端文龙. 机器视觉技术及其在机械制造自动化中的应用[J]. 硅谷, 2013, (6): 82-83.

[36]　张萍, 朱政红. 机器视觉技术及其在机械制造自动化中的应用[J]. 合肥工业大学学报(自然科学版), 2007, 30(10): 1292-1295.

[37]　胡永彪, 杜成华, 李西荣, 等. 机器视觉技术在工程机械上的应用[J]. 机械工程, 2009, 40: 53-56.

[38]　强勇, 张冠杰, 谷月东. 目标识别技术及其在现代战争中的应用[J]. 火控雷达技术, 2005, (3).

[39]　范晋祥, 张渊, 王社阳. 红外成像制导导弹自动目标识别应用现状的分析[J]. 红外与激光工程, 2007, (6): 778-781.

[40]　陈玉波, 陈乐, 曲长征, 等. 红外制导技术在精确打击武器中的应用[J]. 红外与激光工程, 2007, S2,35-38.

[41]　郑军, 徐春广, 肖定国. 基于图像变换的火炮身管膛线参数检测技术研究[J]. 兵工学报, 2004, (2): 134-138.

[42]　刘立欣, 王文生, 刘广利. 枪械内膛疵病图像的边缘检测算法[J]. 兵工学报, 2005, 26 (1): 105-107.

[43]　王龙, 董新民, 贾海燕. 机器视觉辅助的无人机空中加油相对导航[J]. 应用科学学报, 2012, 30(2): 209-214.

[44]　中国机器视觉发展趋势 [EB/OL]. http://www.askci.com/freereports/2008-08/200882610540. html.

[45]　鹿玲杰, 田燕燕, 陈东方, 等. 组态软件的设计与实现方法[J]. 大庆石油学院学报, 2001, 25(1): 55-57.

[46]　谌彦. 工业过程监控组态软件的研究与开发[D]. 武汉：华中科技大学, 2004.

[47]　张宏智. 机器视觉开发平台的代码自动生成与算法库转换的设计与实现[D]. 北京：北京交通大学, 2009.

[48]　徐惠萍. 可重构技术综述[J]. 甘肃科技, 2007, (10): 593-598.

[49]　Lee G H. Reconfigurability considerations in design of component and manufacturing system [J]. International Journal of Advanced Manufacturing Technology, 1997, 139(5): 376-386.

[50]　Koren Y, Ulsoy A G. Reconfigurable manufacturing systems[R]. Engineering Research Center for Reconfigurable Machining System s Report No. 1, Ann Arbor: The University of Michigan, 1997.

[51]　Koren Y, Heisel U, Moriwoki F, et al. Reconfigurable manufacturing systems[J]. Annals of the CIRP, 1999, 2: 1-13.

[52]　National Research Council. Visionary Manufacturing Challenges for 2020 [M]. Washington DC: National Academy Press, 1998.

[53] 罗振璧, 盛伯浩, 赵晓波, 等. 快速重组制造系统[J]. 中国机械工程, 2000, 11(3): 300-303.

[54] 刘阶萍, 罗振璧, 陈恳. 快速可重组制造系统的可诊断性设计原理[J]. 清华大学学报(自然科学版), 2000, 40(9): 14-17.

[55] 蔡开元, 白成刚, 钟小军. 构件软件系统的可靠性评估模型简介[J]. 西安交通大学学报, 2003, 37(6): 551-554.

[56] NATO. NATO Standard for software reuse procedures[J]. NATO Contact Number CO-5957-ADA, 1991, 3(3).

[57] 杨芙清, 梅宏, 克勤. 软件复用与软件构件技术[J]. 电子学报, 1999, 27(2): 68-75.

[58] 石双元, 张金隆, 蔡淑琴. 信息系统可重构性研究[J]. Computer Applications And Software, 2003, 20(6): 8-10.

[59] 李朝辉. 基于构件复用技术的组态模型及平台研究[D]. 大连: 大连理工大学, 2005.

[60] 艾萍, 倪伟新. 基于构件的水利领域软件标准化基础研究[J]. 水利学报, 2003, 12: 104-107.

[61] Spitzangel B, Garlan D. A compositional approach for constructing conneetors[C]. Proceedings of the Working IEEE/IFIP Conefernee on Software Architecture(WICSA.01), 2001.

[62] Abmann U. Meta-programming grey-box connectors[C]. Proceedings of the Technology of Object-Oriented Languages and Systems(TOOLS 33), France, 2000.

[63] Rafael C, Gonzalez. Digital Image Processing[M]. New York: Pearson Education, Inc, 2002.

[64] 王宇旸. 基于可重构计算技术的图像识别与分类系统研究[D]. 合肥: 中国科学技术大学, 2009.

[65] 贝磊. 基于软件构件的视觉检测平台设计及实现[D]. 武汉: 华中科技大学, 2012.

[66] 龙智帆, 孙志海, 孔万增. 算法可重构的工业视觉饮料瓶盖缺陷检测[J]. 杭州电子科技大学学报, 2012, 32(1): 47-51.

[67] 丁凤华. 可重构视觉检测图像采集与预处理系统[D]. 济南: 山东科技大学, 2006.

[68] 陈军委. 基于FPGA的图像预处理系统设计[D]. 哈尔滨: 哈尔滨工业大学, 2008.

[69] Davies E R. 4-Machine vision in the food industry[J]. Robotics and Automation in the Food Industry, 2013: 75-110.

[70] 付昱强. 基于FPGA的图像处理算法的研究与硬件设计[D]. 南昌: 南昌大学, 2006.

[71] 程浏. 基于FPGA的图像处理系统[D]. 武汉: 中南民族大学, 2011.

[72] 朱喜. 基于FPGA的图像预处理单元的设计与实现[D]. 长沙: 湖南大学, 2010.

[73] 威洛斯, 焦宗夏. 基于VisionPro的焊膏印刷机视觉定位系统[C]. 第十二届中国体视学与图像分析学术会议, 佳木斯, 2008.

[74] 金贝. 基于HALCON的机器视觉教学实验系统设计[D]. 北京: 北京交通大学, 2012.

[75] 段敬红, 冯江, 张发存. 基于软件构件的表面缺陷检测软件开发[J]. 计算机工程与科学, 2009, 31(10): 77-79.

[76] 姜罗罗. CImg图像处理库在可视化编程中的应用[J]. 广西物理, 2010, 31(3): 37-39.

[77] Monroe R T. Architecture style,design pattern,and objects[J]. IEEE Software,1997, 14(1):43-52.

[78] 叶俊民, 赵恒, 曹瀚. 软件体系结构风格的实例研究[J]. 小型微型计算机系统, 2002, 23（10）: 1158-1160.

[79] 赵会群, 孙晶, 王国仁. 软件体系结构: 一个新的研究领域[J]. 计算机科学, 2002, 29（11）: 146-149.

[80] Kogut P, Clement P. The software architecture renaissance[EB/OL]. http://www.ast.tds-gn. inco.com/arch/crosstalk.html.

[81] Zhao H Q , GaoY. PEADL: A software architecture description language for performance analysis[C]. The Sixth International Conference for Young Computer Scientists, HangZhou, 2001: 24-26.

[82] Garlan D. Software architecture: a roadmap[C]. Proceeding of the conference on The future of Software engineering, Limerick, Ireland , 2000.

[83] 陈幼平, 周敬东, 张国辉. 整流系统监控组态软件 V1.0 详细设计说明书[R]. 华中科技大学, 2005.

[84] 张国辉, 谢小鹏, 陈建明. 一种软件重构设计方法及其应用[J]. 现代制造工程, 2010, （5）: 130-132.

[85] 张国辉, 袁楚明, 陈幼平, 等. 基于软件芯片的可重构远程故障诊断系统[J]. 计算机应用研究, 2004, （9）: 16-18.

[86] 叶李, 杨昕梅, 李仙平. VC 巨幅数字图像文件快速显示技术[J]. 微型机与应用, 2003, （12）: 9-12.

[87] 黄俊. 一种通用图像获取设备的系统结构设计与实现[D]. 合肥: 安徽大学, 2007.

[88] TWAIN Working Group Committee. TWAIN Specification Version 1.9[EB/OL]. www.twain.org.

[89] 尹东, 王巍. TWAIN 的原理及其应用开发[J]. 信息技术, 2001, （9）: 15-16.

[90] 向冬梅, 肖佩. 基于 TWAIN 标准的扫描仪接口软件的应用[J]. 武汉理工大学学报, 2003, （6）: 25-26.

[91] Mosberger D. The SANE Scanner Interface[J]. Linux Journal, 1998, 47(3):1-12.

[92] 陈兵旗, 孙明. Visua1C++使用图像处理[M]. 北京: 清华大学出版社, 2004.

[93] 周长发. 精通 Visua1C++图像编程[M]. 北京: 电子工业出版社, 2004.

[94] 韩春雷, 王库, 马健. 一种数码相机成像和视频处理前端的设计[J]. 单片机与嵌入式系统应用, 2004, （9）: 37-39.

[95] 付庆军. 数码相机与数字图像的获取[J]. 山东师范大学学报（自然科学版）. 2004, （1）: 105-106.

[96] Castleman K R. Digital Image Processing[M]. 北京: 电子工业出版社, 2002.

[97] Kerievsky J. 重构与模式[M]. 北京：人民邮电出版社, 2010.

[98] 周金山. 基于重组技术的机器视觉测量系统[D]. 武汉：湖北工业大学, 2010.

[99] 张国辉. 可重构远程诊断系统理论与技术研究[D]. 武汉：华中科技大学, 2005.

[100] 孙国栋. 制造设备网络化共享中的信息安全技术研究[D]. 武汉：华中科技大学, 2008.

[101] 李勇, 许军, 张新喜, 等. 基于 FPGA 的高速图像处理系统设计[J]. 装甲兵工程学院学报, 2008, 22(3): 54-58.

[102] 庞业勇. 基于 FPGA 的图像处理系统设计方法研究[D]. 哈尔滨：哈尔滨工业大学, 2010.

[103] 王建庄. 基于 FPGA 的高速图像处理算法研究及系统实现[D]. 武汉：华中科技大学, 2011.

[104] 高宏亮, 刘彪, 李龙龙. 基于 FPGA 的图像采集和预处理技术的研究[J]. 制造业自动化, 2013, 35(7): 72-75.

[105] 龚剑. 基于 FPGA 图像处理系统[D]. 武汉：武汉科技大学, 2007.

[106] Altera Corporation. Cyclone FPGA Family Datasheet[R]. 2002, 9, vec1.0.

[107] 孔祥刚, 诸静, 阳涛. SAA7113H 在视频采集接口设计中的应用[J]. 电子技术, 2003, (12): 26-29.

[108] 周富强, 张广军. 视觉检测中高速图像采集技术的研究[J]. 北京航空航天大学学报, 2002, (2): 157-160.

[109] Anthony E N. Implementation of Image Processing Algorithms on FPGA Hardware[D]. Nashville: Graduate School of Vanderbilt University, 2000.

[110] 仙云森. 基于 FPGA 的图像处理算法研究及硬件设计[D]. 大连：大连理工大学, 2007.

[111] Halverson R. FPGAs for expression level parallel processing. Microprocessors and Microsystems, 1995, 9(19): 533-54.

[112] 贾永红. 数字图像处理[M]. 武汉: 武汉大学出版社, 2003.

[113] 姚敏. 数字图像处理[M]. 北京: 机械工业出版社, 2006.

[114] 彭磊. 导爆管自动检测系统研究与开发[D]. 武汉: 湖北工业大学, 2012.

[115] 代新, 基于机器视觉的网孔织物表面质量检测系统研究[D]. 武汉: 湖北工业大学, 2012.

[116] 夏良正, 李久贤. 数字图像处理[M]. 南京: 东南大学出版社, 2006.

[117] 何斌, 马天予, 王云坚, 等. Visual C++数字图像处理(第二版)[M]. 北京: 人民邮电出版社, 2004.

[118] Clausi D A, Yue B. Co-Occurrence probabilities and Markov random fields for texture analysis of SAR sea ice imagery[J]. IEEE Transactions on Geoscience and Remote Sensing, 2004, 42(1): 215-228.

[119] 蔡自兴, 徐光裕. 人工智能及其应用[M]. 北京: 清华大学出版社, 1996.

[120] 付炜. 基于框架网络结构的专家知识表示方法研究[J]. 计算机应用, 2002, (1): 3-6.

[121] 黄德浩, 杨宗源, 黄海涛. 基于框架表示的组件库模型[J]. 计算机工程, 2002, 28(7): 111-112.

[122] 王钰, 袁小红, 石纯一, 等. 关于知识表示的讨论[J]. 计算机学报, 1995, 18(3): 212-224.

[123] Rangayyan R M, Ei-Faramawy N M, Desautels L J E, et al. Measures of acutance and shape for classification of breast tumors[J]. IEEE Transactions on Medical Imaging, 1997, 16(6): 799-810.

[124] Liang S, Rangayyan R M, Desautels L J E. Detection and classification of mammographic calcification[J]. International Journal of Pattern Recognition and Artificial Intelligence, 1993, 7(6): 1403-1416.

[125] 杜世宏, 秦其明, 王桥. 空间关系及其应用[J]. 地学前缘, 2006, 13(3): 69-80.

[126] 龚声蓉. 基于内容的图像检索方法的研究[M]. 北京: 北京航空航天大学出版社, 2001.

[127] 张振平. 基于 Bayes 错误率上界最小的特征选择算法的研究[D]. 上海: 同济大学, 2006.

[128] 孙杨. 基于 Boosting 思想的文本特征选择研究[D]. 天津: 南开大学, 2008.

[129] 苏映雪. 特征选择算法研究[D]. 长沙: 国防科学技术大学, 2006.

[130] 董慧. 手写体数字识别中的特征提取和特征选择研究[D]. 北京: 北京邮电大学, 2007.

[131] 吕蕾. 基于遗传算法的 SVM 研究及其在小区规划方案评价上的应用[D]. 济南: 山东师范大学, 2009.

[132] 赵云, 刘惟一. 基于遗传算法的特征选择方法[J]. 计算机工程与应用, 2004, 15: 52-54.

[133] Liang S, Rangayyan R M, Desautels L J E. Application of shape analysis to mammo-graphic calcification[J]. IEEE Transactions on Medical Imaging, 1994, 13(2): 263-274.

[134] 林卿. 基于机器视觉的粘扣带疵点快速检测方法的研究与实现[D]. 武汉: 湖北工业大学, 2011.

[135] 张铮, 杨文平, 石博强, 等. MATLAB 程序设计与实例应用[M]. 北京: 中国铁道出版社, 2003.

[136] 史文华, 编译. 超级图形程序设计技术[M]. 北京: 海洋出版社, 1992, 64-230.

[137] Linton M A. Inter Views Reference Manual Version 3.1[R]. Stanford University, 1992, 12: 77-80.

[138] Parrington G D, Shrivastava S K, Wheater S M, et al. The design and implementation of arjuna[J]. USENIX Computing Systems Journal, 1995, 8: 253-306.

[139] Yuan F. Windows 图形编程[M]. 机械工业出版社, 2002.

[140] Wolczko M. Encapsulation delegation and inheritance in object-oriented languages[J]. Software Engineering Journal, 1992, 3: 95-101.

[141] Shrivastava S K, Wheater S M. Implementation fault-tolerant distributed applications using objects and multi-colored actions[C]. Proceedings of the Tenth International Conference on Distributed Computing Systems, Paris, France, 1990, 5: 203-210.

[142] 张正宇. 塑料导爆管起爆系统理论与实践[M]. 北京: 中国水利水电出版社, 2009.

[143] 中华人民共和国工业与信息化部. 民用爆炸物品行业"十二五"发展规划[S], 2010.

[144] 吴红梅, 宋敬埔. 塑料导爆管的感度及其研究进度[J]. 煤矿爆破, 2003, 4: 27-30.

[145] 刘樱瑛. 基于机器视觉的稻米品质评判方法研究[D]. 南京: 南京农业大学, 2010.